在家做首爾風
人氣咖啡館
美食225道

輕食、甜點、咖啡、午茶，
簡單快速零失誤，6步驟輕鬆上桌！

韓國餐點開發師．弘大人氣咖啡館老闆

李美敬 著

suncolor
三采文化

本書100%活用説明

料理餐點時
不妨簡單利用手邊器具

量匙 ▶ 湯匙
量杯 ▶ 紙杯

利用紙杯測量液體材料

1杯代表紙杯裝滿的量,約比
200毫升少一點

1/2杯代表比紙杯的一半還要
多一點的量

需要精準計量的點心
請使用量匙與量杯以減少失敗機率

蛋糕和麵包等點心的製程講求精細,1公克的差異都有可
能左右成敗,因此製作時,請用量匙與量杯代替在餐點料
理時大為活躍的湯匙和紙杯,挑戰100%的成功率吧!

韓國調味料的
小提點

●水飴(물엿):水分較多的麥芽糖,透明無色。
●料理酒(맛술):韓國專門用於烹飪調味的酒,帶有甘
　甜清香的味道。
●醬油:韓國的醬油主要分為陳醬油(진간장)與湯醬油
　(국간장)兩種。陳醬油帶有甘甜味,是一般常用醬油,
　而湯醬油顏色較淡、鹽度較高,主要用於煮湯或醃漬。

粉狀材料

 粉狀材料1匙指湯匙1平匙的量

 粉狀材料0.5匙指1/2湯匙的量

 粉狀材料0.3匙指1/3湯匙的量

液體材料

 液體材料1匙指滿滿1湯匙的量

 液體材料0.5匙指1/2湯匙的量

 液體材料0.3匙指1/3湯匙的量

醬類材料

 醬類材料1匙指湯匙1平匙的量

 醬類材料0.5匙指1/2湯匙的量

 醬類材料0.3匙指1/3湯匙的量

Contents

第1章

Cafe Dishes

Rice & Noodle
真材實料的飯麵料理

Simple Bread
原始好味道的手工麵包

Green Salad
輕食零負擔的沙拉

Today's Plate
活力的來源？咖啡館簡餐！

▋Lunch Box
提著好看，吃得美味

Special Beverage

▋Homemade Coffee
好喝的手感咖啡

▋My Favorite Tea
隨心所欲的午茶時光

Sweet Drink
讓人忍不住一下子喝光光的飲料

第3章

I ♥ Sweet

第4章

Special Recipe

● Cafe Story

● Cafe Food Story

第1章

Cafe Dishes

「要不要去咖啡館喝杯下午茶?」

對我們來說,咖啡館就是優雅享受午茶的空間,

有典雅的裝潢、手沖的咖啡與茶,還有好吃的甜點⋯⋯

但是為什麼咖啡館只能喝茶或咖啡呢?

如果能在咖啡館用餐,

享受脫離現實生活的短暫時光,該有多好?

接下來將介紹各種咖啡館的各種美味餐點,

也許您會深深愛上咖啡館風格的料理!

Rice&Noodle

真材實料的飯麵料理

起司焗烤年糕

炸醬炒年糕

辣味番茄筆管麵

飛魚卵烤飯糰

宮廷炒年糕

紫米核桃捲

蛤蜊義大利麵

動物炒飯

什錦炒麵

蘑菇造型牛肉飯

普羅旺斯燉菜

蘋梨拌麵

豆腐歐姆蛋

香甜南瓜糊

鮮蝦咖哩飯

鮪魚美乃滋飯糰

材料

1～2人份〔20分鐘〕

主材料 白飯1碗、鮪魚（罐頭）1罐、洋蔥末2匙、辣椒末0.5匙、美乃滋2匙、巴西利末・鹽・胡椒粉少許、香鬆2匙

調味料 鹽・香油・芝麻鹽少許

難易度 ★☆☆

Flavoring Story

以調味過的海苔粉、芝麻、小魚乾等材料製成的香鬆，可以灑在白飯上或是加入炒飯裡。另外，在味道清淡的烏龍麵或湯麵中灑一點，也很美味喔。

聽說在日本
一個人獨自在餐廳用餐也不會引人側目。
但在韓國，
卻可能被誤會是孤僻的傢伙，
因此唯一能光明正大吃的就是飯糰了吧。

❶ 白飯加入鹽・香油・芝麻鹽後攪拌均勻。

❷ 將鮪魚去除油汁後，放入洋蔥末、辣椒末攪拌，接著加入美乃滋和胡椒粉後攪拌均勻。

❸ 取一團飯，將中間壓出凹陷，填入步驟❷的餡料，然後捏成飯糰的模樣。

❹ 將飯糰表面均勻沾滿香鬆和巴西利末。

比烤栗子與烤地瓜更美味的烤飯糰

飛魚卵烤飯糰

材料

1～2人份〔25分鐘〕

主材料 白飯1碗、鹽·香油少許、飛魚卵1/4杯、油適量

調味料 醬油2匙、料理酒1匙、香油1匙

難易度 ★☆☆

Tip

飛魚卵多為冷凍狀態，解凍後再次冷凍的話，會產生腥味並且容易壞掉，建議先分裝後再冷凍，那麼每次只要取出所需的量解凍即可。

一口咬下飛魚卵烤飯糰，
便可感受到魚卵在嘴中爆開的新鮮滋味。
略微烤過的飯糰散發出鍋巴的香氣，
在咖啡館餐點中，可是擁有居高不下的人氣。

1 白飯加入鹽和香油後攪拌均勻。

2 取一團飯，將中間壓出凹陷，並填入滿滿的飛魚卵後，捏成扁扁的飯糰。

3 熱油鍋，放入飯糰。

4 將調味料混合後刷在飯糰上，煎至焦黃色即可。

辣味牛肉飯糰

無法從外觀猜出內餡的東西，
我想應該只有三角飯糰吧？
也因為如此，小時候總是像摸彩般挑選來吃。
在熱騰騰的白飯中拌入調味料，再塞入牛肉餡。
現點現做更能凸顯出牛肉飯糰的美味。

材料

1～2人份〔30分鐘〕

主材料 白飯1碗、鹽·芝麻鹽·香油少許、牛肉（絞肉）50公克、海苔1張

調味醬 韓國辣椒醬1匙、青陽辣椒末1匙、水飴1匙、料理酒1匙、香油1匙、醬油0.5匙、蒜末0.5匙

難易度 ★★☆

Tip

調味過的牛肉用小火拌炒容易產生水分，不方便捏製成飯糰，因此必須以大火炒熟，小心不要燒焦。青陽辣椒是韓國一種很辣的青辣椒品種，若擔心太辣請改用一般辣椒替代。

1 白飯加入鹽·芝麻鹽·香油後攪拌均勻。

2 牛肉加入混合好的調味醬後，以手抓勻。接著熱油鍋，把牛肉炒熟。

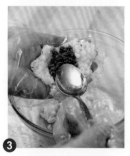

3 取一團飯，將中間壓出凹陷，並填入牛肉餡後，捏成圓形的飯糰。

4 用海苔將飯糰包起來。盛盤時旁邊擺上剩餘的牛肉。

超省時必備

醃黃瓜飯糰

材料

1～2人份〔15分鐘〕

主材料 醃黃瓜1條、紫米飯2碗、鹽・香油・芝麻鹽・芝麻少許

調味料 辣椒粉0.3匙、香油1匙、芝麻鹽0.5匙

難易度 ★☆☆

Tip

除了醃黃瓜之外，也可以用醃辣椒替代。

到了夏天，可以事先醃好小黃瓜。
皺巴巴的醃黃瓜看似和咖啡館毫不搭調，
但用醃黃瓜所製成的飯糰，
卻和咖啡館如此契合。

1 將醃黃瓜切成圓片，放入冷水中去除鹹味，然後擠乾水分。

2 將醃黃瓜加入調味料後用手抓勻。

3 在紫米飯中加入少許鹽・香油・芝麻鹽・芝麻並攪拌均勻。

4 將醃黃瓜加入紫米飯中攪拌均勻，接著捏成圓形飯糰並灑上芝麻。

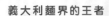

義大利麵界的王者

番茄蘑菇義大利麵

讓人覺得「油膩」的西洋飲食中，
義大利麵的接受度卻是極高的。
也許是因為義大利的飲食文化與韓國極為相似，
都擁有豐富的海鮮資源，
並喜歡在料理中大量加入洋蔥和大蒜。

材料

1～2人份〔30分鐘〕　難易度 ★★☆

主材料　義大利麵一束（160公克）、番茄1顆、秀珍菇80公克、蘑菇5朵、黑橄欖4粒、大蒜3瓣、橄欖油3匙、番茄醬汁1杯、鮮奶油1+1/2杯、乾燥羅勒末0.5匙、鹽·胡椒少許

1 在滾水中加入少許鹽，接著放入義大利麵，滾煮8分鐘後撈出並瀝乾水分備用。

2 在番茄尾端用刀劃十字後汆燙，然後撈出去皮擦乾水分並切半，再去籽切塊。將秀珍菇一朵朵剝開，蘑菇縱切成厚片。

3 黑橄欖橫切成圈，大蒜切片。

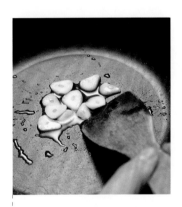

4 以橄欖油熱油鍋後，放入蒜片略炒，加入番茄、秀珍菇、蘑菇、黑橄欖一同拌炒。

5 接著倒入番茄醬汁和鮮奶油略煮後，加入乾燥羅勒末，並用鹽·胡椒調味。

6 最後加入義大利麵一同拌炒。

Tip

以1公升水加入1小匙鹽的比例將水煮滾後，把義大利麵條以放射狀放入水中，仔細攪拌避免義大利麵黏在一起。滾煮8分鐘之後將麵撈出，並加入少許橄欖油拌勻，可避免麵體互相沾黏。

Cafe Dishes

不油不膩，香辣帶勁的義大利麵

辣味番茄筆管麵

義大利麵在義大利當地為平價料理，
就像韓國人在小餐館裡吃的刀削麵或麵疙瘩一樣，
都是極為親民的餐點。
但飄洋過海後卻變成高級料理，
何不趁這次機會多做一點盡情享用呢？

材料

1～2人份〔30分鐘〕　難易度 ★★★

主材料　筆管麵1把（160公克）、鹽少許、橄欖油2匙、蒜末1匙、乾辣椒末1匙、巴西利末少許、粗辣椒粉0.5匙、帕馬森起司粉2匙、鹽‧胡椒粉少許
醬汁　培根2片、洋蔥1/8顆、紅辣椒1條、大蒜1瓣、紅酒適量、胡椒粒（或胡椒粉）少許、番茄糊1杯、乾羅勒‧鹽‧胡椒粉少許

1 在滾水中加入少許鹽，接著放入筆管麵，滾煮8分鐘後撈出並瀝乾水分備用。

2 將培根切碎，洋蔥切丁，紅辣椒切段，大蒜切片。

3 以橄欖油熱油鍋後，放入蒜片和紅辣椒拌炒，接著放入洋蔥同炒。當洋蔥變成褐色後放入培根拌炒。

4 接著倒入紅酒略煮，放入磨好的胡椒粒，並將番茄糊弄散後倒入，煮滾後將浮末撈掉，然後以小火繼續熬煮並加入乾羅勒，再以鹽、胡椒粉調味。

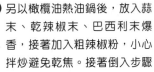

5 另以橄欖油熱油鍋後，放入蒜末、乾辣椒末、巴西利末爆香，接著加入粗辣椒粉，小心拌炒避免乾焦。接著倒入步驟**4**的醬汁一起熬煮。

6 最後倒入筆管麵拌勻，並加入帕馬森起司粉，然後以鹽、胡椒粉調味。

Flavoring
Story

以麵粉、鹽、蛋和油製成的義大利麵有各種形狀，名稱與料理方法皆依形狀而異。筆管麵長度約4～5公分，模樣就如筆管一樣，醬汁容易吸附於麵管中，因此比起其他義大利麵，筆管麵需要更充足的醬汁。相對地，味道也更好。

鯷魚義大利麵

1～2人份〔30分鐘〕

主材料 天使髮麵1把（160公克）、鹽少許、鯷魚2條、金針菇1/2包、秀珍菇50公克、香菇2朵、花椰菜1/6朵、橄欖油2匙、蒜末1匙、乾辣椒末1匙、巴西利末1匙、紅酒3匙、高湯1/2杯、乾羅勒・胡椒粒・鹽少許

難易度 ★★☆

 Flavoring Story

鯷魚罐頭是用鯷魚醃漬而成，鹹味重，料理時必須依使用的量來調整鹽的用量。

義大利的麵食料理一般統稱為Pasta。
依據形狀的不同，
則會細分為天使髮麵、筆管麵等。

1 在滾水中加入少許鹽，接著放入天使髮麵，滾煮8分鐘後撈出並瀝乾水分備用。

2 將鯷魚切碎，金針菇和秀珍菇洗淨後用手剝開，香菇切絲，花椰菜汆燙後切成適當大小。

3 以橄欖油熱油鍋，放入蒜末、乾辣椒末和巴西利末拌炒，再加入香菇、花椰菜和鯷魚同炒，接著倒入紅酒略炒，再倒入高湯略煮。

4 最後放入天使髮麵並持續攪拌。灑下乾羅勒並加入現磨胡椒粒，並以鹽調味。

新手也能輕鬆上手

蛤蜊義大利麵

材料

1～2人份〔30分鐘〕

主材料 蛤蜊6個、水1杯、白酒1/4杯、義大利麵1把（160公克）、大蒜2瓣、橄欖油3匙、鹽‧胡椒粉少許、乾辣椒末1匙、巴西利末1匙

鹽水 水2杯、鹽0.3匙

難易度 ★★☆

Tip

配菜可用與小蘿蔔味道類似的蔬菜如芝麻葉或菠菜等。

茄汁肉醬義大利麵可說是大家最熟悉的義大利麵，
而蛤蜊義大利麵則是另一種特別的口味，
吃一口充分吸附蛤蜊醬汁的麵條，
從此心中只有它。

1 蛤蜊浸泡鹽水待吐沙後，將蛤蜊和水、白酒一起煮滾，當蛤蜊打開後即可熄火。大蒜切片。

2 在滾水中加入少許鹽，再放入義大利麵，滾煮8分鐘後撈出並瀝乾水分備用。

3 以橄欖油熱油鍋後，放入蒜片爆香，接著倒入煮蛤蜊的湯汁，滾煮至湯汁剩1/3的量。

4 放入蛤蜊和義大利麵拌勻後，以鹽和胡椒粉調味並盛盤，灑上乾辣椒末和巴西利末即可。

Cafe Dishes

奶油義大利麵

中華料理常常會讓人不知道該選哪個好，
所以才會出現綜合版的炸碼麵。
到義大利麵餐廳時也常在茄汁和奶油之間難以抉擇。
不過，今天就吃香味濃郁的奶油義大利麵吧！

材料

1～2人份〔30分鐘〕　難易度 ★★☆

主材料　義大利麵1把（160公克）、鹽少許、培根4片、大蒜2瓣、洋蔥1/2顆、蘑菇4朵、花椰菜少許、橄欖油2匙、鮮奶油1杯、牛奶1杯、乾羅勒0.5匙、乾奧勒岡0.5匙、鹽‧白胡椒粉少許、水煮蛋蛋黃1顆

❶ 在滾水中加入少許鹽，接著放入義大利麵，滾煮8分鐘後撈出並瀝乾水分備用。

❷ 將培根切絲、大蒜切片、洋蔥切丁。

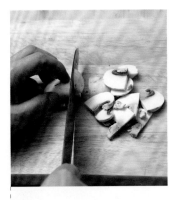

❸ 蘑菇縱切成厚片。花椰菜汆燙後切成適當大小。

❹ 以橄欖油熱油鍋後，放入蒜片和洋蔥拌炒，然後加入培根略炒，接著加入蘑菇同炒。

❺ 洋蔥炒至透明之後，倒入鮮奶油和牛奶以中火煮滾，接著加入花椰菜、乾羅勒、乾奧勒岡，並以鹽‧白胡椒粉調味。

❻ 放入義大利麵拌勻後關火。最後將蛋黃壓碎後加入麵中拌勻即可。

Tip

冷凍保存會使鮮奶油的脂肪凝固，變成無法使用的質感，因此必須採用冷藏保存，並且在有效期限內迅速使用完畢。也可以在製作奶油濃湯或焗烤料理時，與牛奶混合後使用。鮮奶油打發後即成用來裝飾西點的發泡鮮奶油。

Cafe Dishes

動物炒飯

材料

1～2人份〔30分鐘〕

主材料 白飯1碗、綜合蔬菜（玉米、豌豆、胡蘿蔔）1/4杯、香油0.5匙、芝麻鹽0.3匙、雞蛋1顆、鹽少許、油適量、火腿數片、番茄醬適量

難易度 ★☆☆

Flavoring Story

將玉米、豌豆、胡蘿蔔稍微煮熟後冷凍販售的冷凍綜合蔬菜，味道比大部分的當季蔬菜還要美味。手邊若沒有冷凍綜合蔬菜，也可以將洋蔥、胡蘿蔔、南瓜、青椒等的當季蔬菜切丁後使用。

不分男女老幼，這是一個為卡通癲狂的時代。
如果這個世界上有特別為自己量身訂做的可愛便當，
那麼也許會像對房子的渴求一樣，讓人迫切地想要得到。

❶ 準備好熱騰騰的白飯。

❷ 熱油鍋，倒入綜合蔬菜略炒後，加入白飯拌炒，接著以鹽調味，並加入香油和芝麻鹽。

❸ 將雞蛋打散並加鹽調味後過篩，裝入尖嘴罐中。熱油鍋，用尖嘴罐將蛋汁在鍋中畫網狀。

❹ 火腿片煎過以後，用壓模做出造型。將炒飯盛盤，蓋上蛋網，最後以動物造型的火腿裝飾，並擠上番茄醬即可。

可愛到得閉上眼睛才捨得吃

蘑菇造型牛肉飯

材料

1～2人份〔30分鐘〕

主材料 牛肉（絞肉）200公克、綜合蔬菜（玉米、豌豆、胡蘿蔔）1/2杯、麵包粉1/4杯、白飯1碗、芝麻鹽0.5匙、香油1匙、鹽少許、橄欖油適量

調味料 醬油2匙、砂糖1匙、香油1匙、蒜末0.5匙、鹽·胡椒粉少許

醬汁 番茄醬3匙、蠔油1匙、料理酒1匙、蒜末0.3匙、水2匙

難易度 ★★☆

Tip

用牛肉包飯後烤熟時，必須做成一口大小才方便食用。也可以用豬肉或雞肉替代。

越來越多人愛吃速食，
放入大量蔬菜，將牛肉和飯結合在一起的牛肉飯，
讓討厭吃蔬菜的偏食鬼也不得不屈服。

❶ 將牛肉和調味料拌勻。

❷ 再加入綜合蔬菜和麵包粉攪拌至牛肉出現黏性。

❸ 白飯加入芝麻鹽、香油和鹽後攪拌均勻。取適當飯量捏成一口大小的球狀後，以牛肉厚厚地裹上。

❹ 迷你瑪芬烤盤均勻刷上橄欖油並放入步驟❸的牛肉飯糰，以200℃烤10分鐘。最後將醬汁混合略煮後搭配食用。

厭倦了碗中總是白飯嗎？

米香可樂餅

油炸食物不健康？
但有時候真的好想吃油炸料理呀！
那就用平底鍋油煎的方式，
不過用平底鍋記得要加入適當的油量喔！

材料

1～2人份〔30分鐘〕

主材料　蝦仁100公克、青椒‧洋蔥‧胡蘿蔔‧鹽少許、白飯1碗、油適量

麵衣　麵粉1/4杯、雞蛋1顆、麵包粉1杯

難易度　★★☆

Tip

咖啡館餐點中，若要使用蝦子，不妨利用蝦仁。米香可樂餅搭配黃芥末醬、番茄醬一起食用更為美味。

1 蝦仁去除水分後切碎。

2 青椒、洋蔥、胡蘿蔔切碎，放入熱好的油鍋中拌炒後，加入蝦仁同炒，接著以鹽調味。

3 將冷白飯加入蝦仁、蔬菜和鹽後拌勻，並製成方便食用的圓球狀。

4 準備麵衣材料，將步驟**3**的圓球依序沾取麵粉、蛋汁、麵包粉後，放入180℃的油中炸至酥脆即可。

征服豆腐的辣味莎莎醬

豆腐歐姆蛋

材料
- - - -

1～2人份〔20分鐘〕

主材料 豆腐（嫩豆腐）
1/4塊、雞蛋2顆、鹽少許、
細蔥2根、油適量

莎莎醬 番茄1/4顆、番茄
醬2匙、辣醬‧醋‧砂糖各
0.5匙、巴西利末0.3匙、鹽
少許

難易度 ★★☆

Tip
- - - -

比起板豆腐，嫩豆腐與雞蛋
才是天作之合。

西式早餐裡不可或缺的就是歐姆蛋。
對我們來說，比起歐姆蛋，
更熟悉的是來自日本的蛋包飯。
而所謂的蛋包飯就是將炒飯包入歐姆蛋中的料理。

❶ 將嫩豆腐切丁。

❷ 雞蛋打散後加入鹽調味，
細蔥切珠和豆腐一起加入
蛋汁中攪拌。

❸ 熱油鍋，倒入蛋汁，慢慢
將蛋整成橄欖球的形狀。

❹ 將歐姆蛋整成橄欖球的形
狀。番茄汆燙去皮切塊，
混合莎莎醬的材料，製成
莎莎醬，與歐姆蛋一起食
用。

Cafe Dishes

鮮蝦咖哩飯

日式豬排、日式咖哩等料理，實質上並無太大不同，
但冠上日式二字之後彷彿變得美味多了。
我想在印度應該找不到這種咖哩……吧！

材料

1～2人份〔30分鐘〕

主材料 鮮蝦10尾、洋蔥1
顆、青椒1/4個、油適量、
水2杯、牛奶1/2杯、咖哩塊
2塊、白飯1碗、巴西利末少
許

難易度 ★★☆

 Flavoring Story

咖哩以薑黃與各種香辛料製
成，分成粉狀與添加大量脂
肪的咖哩塊。由於日式咖哩
的脂肪含量比韓國咖哩來得
高，因此若購買日式速食咖
哩塊，能品嘗到不同的味道
與細緻度的咖哩。

1 鮮蝦剔除沙腸後，去頭
和外殼，接著在背部縱
切一條深痕。

2 洋蔥和青椒切塊。熱油
鍋，放入洋蔥拌炒後，
加入鮮蝦同炒。

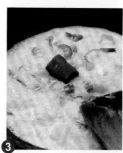

3 倒入水，待蝦煮熟後，加
入青椒、牛奶和咖哩塊，
持續攪拌至咖哩塊完全融
化，最後灑上巴西利末即
可。

推動韓食世界化的先發選手

蘋梨拌麵

材料

1～2人份〔30分鐘〕

主材料 櫛瓜1/2條、香菇3朵、鹽·香油少許、水芹菜50公克、蘋果1/2顆、水梨1/4顆、細麵1把（200公克）

調味料 醬油1匙、香油少許

難易度 ★★☆

Tip

春天可加入水芹菜、山蒜、薺菜等當季山菜，更能讓拌麵散發出馨香。

吃剩的水梨和蘋果該怎麼辦呢？
再三苦惱之後決定切成細絲一起拌麵。
在必須帶點甜味才算是好吃的韓式麵類料理中，
水梨和蘋果的天然甜味更能散發出清爽的好滋味。

1 櫛瓜切絲。熱油鍋，倒入櫛瓜以大火炒熟並且加鹽調味。

2 香菇浸泡後擠乾水分並切絲，以鹽、香油調味後炒成焦黃色。

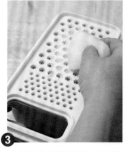

3 水芹菜汆燙後以冷水沖洗冷卻，瀝乾水分後切段（約5公分長），蘋果去皮切絲、水梨去皮後磨成泥。

4 在滾水中加入少許鹽，接著放入細麵，煮熟後以冷水沖洗冷卻，然後瀝乾水分，再加入醬油和香油調味後，拌入水梨泥與剩下的材料即可。

Cafe Dishes

讓人忘記湯的存在

什錦炒麵

簡單又能確實填飽肚子的炒麵
相當適合作為咖啡館的餐點。

材料

1～2人份〔30分鐘〕

主材料 烏龍麵（或刀削
麵）2人份、蝦仁1/2杯（60
公克）、花蛤1/2杯、大蒜
2瓣、青江菜2株、洋蔥1/2
顆、金針菇1/2包、綠豆芽1
把、大蔥1根、紅辣椒‧青辣
椒1/2條、油適量、蠔油（辣
味）2匙、料理酒1匙、胡椒
粉適量

難易度 ★★☆

Tip

炒麵可依季節做食材變化，
春天用貝類，夏天用魷魚，
冬天用章魚、花蛤；也可以
利用牛肉、豬肉、雞肉來代
替海鮮。

1 將烏龍麵放入滾水燙熟
後瀝乾水分備用。

2 蝦仁洗淨，花蛤吐沙後
撈起。

3 大蒜切片，青江菜、洋
蔥、金針菇、綠豆芽、大
蔥、紅辣椒‧青辣椒切成
6公分的長度。

4 熱油鍋，加入蒜片爆香，
放入蝦仁與花蛤以大火拌
炒，接著加入洋蔥與綠豆
芽同炒，再放入烏龍麵，
加入蠔油和料理酒調味，
再放入剩下的蔬菜炒熟，
最後灑上胡椒粉即可。

盤中的花朵

蔬菜捲

材料

1～2人份〔30分鐘〕

主材料 白飯1碗、鹽·香油少許、高麗菜4片、芝麻葉4片、豆腐1/4塊、大蔥1/2根、紅辣椒1/2條、油0.5匙、蝦仁1/2杯（60公克）、香油1匙

調味料 大醬2匙、料理酒1匙、蠔油0.3匙

難易度 ★★☆

Tip

蔬菜可用蒸籠蒸熟，或在仍有水氣的狀態下放入塑膠袋用微波爐煮熟，芝麻葉約30秒，高麗菜2分鐘即可。

京都有一家以日本傳統茶與蛋糕捲聞名的咖啡館，
但我想要給他們滿分的餐點卻是飯糰便當。
用飯糰安撫鬧飢荒的肚子後，
啜飲一口茶，更能品嘗出茶的美妙滋味。

① 熱白飯以鹽和香油調味。高麗菜和芝麻葉煮熟後放涼。

② 豆腐以刀面壓碎後，放入紗布袋中擠乾水分。大蔥和紅辣椒切末。

③ 熱油鍋，加入蝦仁拌炒，接著放入豆腐同炒後，放入大醬、料理酒和蠔油。收汁後加入大蔥和紅辣椒拌炒，並淋上香油。

④ 依高麗菜、芝麻葉、飯的順序鋪好，接著加入豆腐醬後捲起即可。

Cafe Dishes

035

紫米核桃捲

1～2人份〔40分鐘〕

主材料 紫米飯1碗、小黃瓜1/2條、蟹味棒2條、美乃滋2匙、海苔1張、核桃1/2杯

醋飯醬料 醋2匙、砂糖1匙、鹽0.3匙、檸檬汁少許

核桃調味料 醬油1匙、水飴1匙、料理酒0.5匙、水0.5匙

難易度 ★★☆

Tip

醋飯醬料不好溶解時，可以稍微煮過後使用，若放入昆布一起煮，可以使飯長久不硬。醋飯醬料若加入冷飯會無法充分入味，因此必須加入熱飯裡，並以扇子搧涼才能擁有好味道。

雖然一樣是海苔飯捲，
可是以健康的紫米飯代替白飯，再以醬燒核桃做裝飾，
換個顏色就能展現出不同風味。

❶ 將醋飯醬料的材料混合後，加入熱騰騰的紫米飯，一邊搧涼，一邊攪拌均勻。

❷ 小黃瓜切絲，蟹味棒切末並拌入美乃滋。核桃切成適當大小後，加入核桃調味料熬煮。

❸ 在捲飯竹簾上鋪上保鮮膜，再均勻鋪上醋飯、海苔、小黃瓜絲和蟹味棒後，將竹簾捲起。

❹ 把飯捲切成適當大小，擺上醬燒核桃即可。

電影中的好味道

普羅旺斯燉菜

材料

1～2人份〔30分鐘〕

主材料 茄子1條、番茄1/2顆、櫛瓜1/3條、洋蔥1/2顆、青椒1/4個、橄欖油適量、蒜末2匙、番茄糊1杯、鹽‧胡椒粉少許、乾奧勒岡0.5匙、乾羅勒0.5匙

難易度 ★★☆

Tip

可依個人喜好加入帕馬森起司粉。

我想大家應該還記得《料理鼠王》這部電影，它的原文Ratatouille是法國普羅旺斯地區常吃的傳統燉菜。最適合與飯、馬鈴薯、麵包、義大利麵或烤餅一起食用。

❶ 茄子、番茄、櫛瓜、洋蔥、青椒切丁。

❷ 以橄欖油熱油鍋後放入蒜末以小火爆香，接著放入蔬菜拌炒，最後加入番茄糊同煮。

❸ 蔬菜煮熟後，以鹽和胡椒調味，並加入乾奧勒岡與乾羅勒拌勻即可。

劃破寂靜的呼嚕嚕聲

越南河粉

越南由於氣候溫和，一年收成兩次稻米，甚至還可以收成第三次，
因此米可說是非常普遍的材料。
比起麵粉，更常利用米粉來製作各種麵類料理，
其中最知名的就是河粉。

材料

1～2人份〔40分鐘〕　難易度 ★★☆

主材料　米粉200公克、洋蔥1/2顆、綠豆芽1把、檸檬1/2顆、香菜少許
高湯　雞（雛雞）1隻、洋蔥1/3顆、大蒜2瓣、大蔥1/2根、月桂葉2片、水適量、魚露2匙、鹽少許　　**調味醬**　紅辣椒末・青辣椒末各1/2條、蒜末1瓣、魚露2匙、砂糖1匙、萊姆汁（或檸檬汁）1匙　　**醃漬材料**　醋2匙、砂糖1.5匙、鹽0.5匙、水2匙

❶ 把高湯材料的雞、洋蔥、大蒜、大蔥和月桂葉放入鍋中，加水至淹過雞的高度後煮滾。雞肉煮熟後將肉剝下，高湯濾除雜質後加入魚露和鹽調味。

❷ 米粉以溫水泡開，再以滾水煮熟，然後用冷水沖洗冷卻並瀝乾水分。

❸ 洋蔥切絲，加入醃漬材料拌勻備用。

❹ 綠豆芽洗淨瀝乾，檸檬縱切對半後再切成薄片。

❺ 調味醬材料混合拌勻。

❻ 將米粉裝入碗中，加入適量的雞肉、洋蔥、綠豆芽，然後放上檸檬和香菜，淋上高湯，並加入調味醬即可。

Flavoring Story

與韓國魚醬類似的魚露，是天氣炎熱的泰國與越南等東南亞地區大量使用的醬料，剩下的魚露可於製作涼拌泡菜時，用來代替韓國魚醬，或在煮湯時用來調味。

香甜南瓜糊

材料

4～5人份〔40分鐘〕

主材料 熟透的南瓜1/8顆、甜南瓜1/4顆、砂糖少許、紅豆1/4杯、水3杯、栗子5顆、松子1匙、糯米粉1/2杯、鹽少許

難易度 ★★☆

Tip

南瓜糊若加入甜南瓜，就能變成鮮黃色，同時還能增添甜味。剩下的南瓜可以加入鹽漬蝦醬熬煮，或在製作醬燒魚時用來代替白蘿蔔。湯圓是糯米粉加熱水所製成的糯米球，完成後裹上太白粉，湯圓就不會互相沾黏。

韓國有句俗語：「黏稠的食物會讓手變成貓手。」
用來比喻變得黏膩膩的手。
為什麼如此美味的食物會有這種俗語，真讓人想不透。
就讓南瓜糊來代替已經吃膩了的南瓜粥，徹底挽回名聲吧！

❶ 將南瓜和甜南瓜去籽去皮後切片（約1公分厚），加水滾煮，煮軟後壓碎，加入砂糖以帶出甜味。

❷ 紅豆加水煮滾後，將水倒掉再重新加入3杯水熬煮20分鐘。

❸ 栗子去皮後分成8等分，松子將頂端摘除。

❹ 將紅豆放入南瓜中，並加入糯米粉，煮至濃稠後以鹽調味即可。

湯圓和紅豆是天生一對

湯圓紅豆粥

材料

4～5人份〔50分鐘〕

主材料 紅豆1杯、水8杯、砂糖1/3杯、鹽少許、糯米粉4匙、南瓜籽（或肉桂粉）少許

湯圓 糯米粉1杯、熱水3匙、太白粉少許

難易度 ★★☆

Tip

煮紅豆粥時，必須將紅豆粒壓碎，並以糯米粉調整濃度，再用砂糖調味。

韓國習俗中，為了祛除壞運，會在冬至吃紅豆粥；搬家時，則會以紅豆製成糕餅分送給左鄰右舍。上頭浮著軟軟湯圓的紅豆粥就像濃湯一樣，是能輕鬆享用的咖啡館餐點。

1 紅豆洗淨後，加入8杯水煮熟。水滾之後，將水倒掉並重新加入冷水，以小火煮至紅豆破裂。

2 將紅豆粒撈出壓碎後過篩去皮，再繼續熬煮，加入砂糖並以鹽調味，再將糯米粉以水調開後倒入，讓湯汁變得濃稠。

3 湯圓材料裡的糯米粉混合熱水後，做成直徑1公分的湯圓，再裹上太白粉。

4 用滾水將湯圓煮熟後撈起，以冷水沖洗冷卻後，放入步驟❷的紅豆湯中煮滾，最後灑上南瓜籽裝飾即可。

海鮮辣炒年糕

材料

1～2人份〔30分鐘〕

主材料 辣炒年糕專用年糕條300公克、花蛤1/2包、鹽少許、魷魚1/2隻、高麗菜2片、洋蔥1/4顆、青辣椒1條、水1杯

調味醬 辣椒粉1匙、韓國辣椒醬2匙、蠔油0.5匙、水飴2匙、料理酒1匙、砂糖0.5匙、蒜末1匙、香油1匙

難易度 ★★☆

Tip

冷凍保存的年糕請務必先解凍，若沒有確實解凍的話，年糕會變硬而無法充分入味，就做不出美味的辣炒年糕了。

若要開一家韓式咖啡館的話，最先列入菜單的應該就是辣炒年糕。據說韓國有家專門的辣炒年糕研究所，以後將能品嘗到各種不同的風味囉！

❶ 年糕條以溫水泡軟。花蛤浸泡淡鹽水，待吐沙後洗淨。

❷ 魷魚去除內臟與表皮，在內側劃下刀痕並切成一口大小。高麗菜、洋蔥和青辣椒洗淨切絲。

❸ 將調味醬材料混合拌勻。

❹ 將年糕條與海鮮加入1杯水熬煮，待花蛤煮開，加入調味醬與蔬菜拌炒即可。

炸醬炒年糕

材料

1～2人份〔20分鐘〕

主材料 辣炒年糕專用年糕條200公克、方形甜不辣2片、高麗菜2片、大蔥片0.5匙、水1杯

調味料 韓國辣椒醬0.5匙、辣椒粉0.5匙、炸醬粉3匙、砂糖1匙、料理酒1匙、蒜末1匙

難易度 ★☆☆

Tip

炸醬粉可以直接泡水後使用，相當方便。使用春醬（韓國炸醬麵醬）必須加入充分的油量以免燒焦，才能炒出炸醬獨有的香味。

在韓國，小學附近一定能看到小小的辣炒年糕店。
店內販售的炸醬炒年糕，
不僅是為了不吃辣的孩子們所準備，
更是熱愛炸醬口味的孩子的特別餐點。

❶ 年糕條以溫水泡軟。

❷ 將方形甜不辣切成條狀，高麗菜也切成條狀（約4公分長）。

❸ 將年糕條加水煮滾，接著放入高麗菜，滾煮後加入調味料攪拌均勻。

❹ 最後加入大蔥片略炒。

Cafe Dishes

起司焗烤年糕

材料

1～2人份〔30分鐘〕

主材料 辣炒年糕專用年糕條200公克、洋蔥1/4顆、油適量、番茄醬汁1/2杯、綜合蔬菜1/3杯、辣醬1匙、蒜末0.5匙、水飴1匙、馬茲拉起司1/2杯

難易度 ★☆☆

Tip

使用烤箱的話,必須烤到起司融化並變成焦黃色;使用微波爐的話,不需要加熱太久,只要讓起司融化即可,年糕才不會變硬。

當彈牙的東方年糕遇上香濃的西洋起司……
在單吃就相當美味的辣炒年糕上,
滿滿灑上口感豐富的起司,
讓人忍不住一口接著一口唷!

① 年糕條以溫水泡軟。

② 洋蔥切丁。熱油鍋,放入洋蔥拌炒,接著倒入番茄醬汁一起熬煮。

③ 放入年糕條略煮之後,加入綜合蔬菜,煮熟後再加入辣醬、蒜末與水飴。

④ 鋪上馬茲拉起司,用烤箱以220℃烤6～7分鐘。

宮廷炒年糕

1～2人份〔30分鐘〕

主材料 條狀年糕300公克、牛肉80公克、香菇3朵、洋蔥1/4顆、紅辣椒1/2條、青辣椒1/2條、油1匙、醬油・砂糖各1匙、香油・芝麻各0.3匙、鹽少許

年糕調味料 醬油1匙、香油1匙

牛肉與香菇調味料 醬油1匙、砂糖0.5匙、蔥末1匙、蒜末0.5匙、香油0.5匙、芝麻鹽・胡椒粉少許

難易度 ★☆☆

也叫做宮廷年糕什錦菜，
是添加各種蔬菜與年糕所製成的料理。
牛肉與年糕相當契合，
可品嘗到淡雅的口味。

1 年糕切段（約5公分長），加入醬油和香油調味。

2 牛肉切絲，香菇也切絲，加入牛肉與香菇調味料的醬油和香油攪拌均勻。

3 洋蔥、紅辣椒和青辣椒也都切絲。

4 熱油鍋，將牛肉與香菇略炒，加入洋蔥同炒，接著加入年糕、紅辣椒、青辣椒拌炒，再加入醬油、砂糖、香油・芝麻調味。

With Pickles
白飯的好搭檔 —— 醃漬小菜

高麗菜漬

韓式醃黃瓜

芹菜辣椒醬菜

白菜漬

醃甜菜蓮藕

醃甜菜蓮藕

〔20人份 / 30分鐘〕

主材料 蓮藕2條、甜菜少許

醃料 水1杯、醋3/4杯、砂糖1杯、鹽2匙、胡椒粒1匙、丁香少許、肉桂少許、月桂葉3片

How to Cook

1 蓮藕和甜菜洗淨，去皮並切成薄片。

2 將醃料混合加熱後，倒入已裝有蓮藕和甜菜的玻璃容器中，待熱氣消除後，確實密封並冷藏保存。

高麗菜漬

〔20人份 / 30分鐘〕

主材料 高麗菜1/4粒、紅辣椒1/2條、昆布（5×5公分）1片

醃料 醋5匙、砂糖3.5匙、鹽1.5匙、洋蔥汁3匙、蒜末1匙、水1/2杯

How to Cook

1 高麗菜洗淨後，切成條狀（約5公分長），紅辣椒對切後再斜切。昆布以冷水中泡軟後，切成條狀（約4公分長）。

2 將高麗菜、紅辣椒和昆布放入玻璃容器中，倒入混合均勻的醃料後冷藏保存。

韓式醃黃瓜

〔20人份 / 30分鐘〕

主材料 小黃瓜5條、洋蔥1顆、紅辣椒1條、青辣椒1條、昆布（5×5公分）1片

醬料 醬油1杯、水1/2杯、醋1/4杯、砂糖3匙

How to Cook

1 小黃瓜以直切與橫切各切成4等分，洋蔥去皮洗淨切塊（約3公分寬），一起放入玻璃容器中。

2 醬料混合加熱後，倒入玻璃容器中，待熱氣消除後，確實密封並冷藏保存。

芹菜辣椒醬菜

〔20人份 / 30分鐘〕

主材料 芹菜1把、青辣椒10條

醬料 醬油1杯、水1/2杯、醋1/4杯、砂糖3匙

How to Cook

1 芹菜去除纖維表皮後切半，青辣椒切除底部以便入味，一起放入玻璃容器中。

2 醬料混合加熱後，倒入玻璃容器中，待熱氣消除後，確實密封並冷藏保存。

白菜漬

〔20人份 / 30分鐘〕

主材料 白菜1顆、芹菜2根、大蒜2瓣、薑1/4塊

醬汁 醬油1/4杯、砂糖1/4杯、醋1/4杯、粗鹽2匙、昆布（5×5公分）1片、乾辣椒5條、水2+1/2杯

How to Cook

1 白菜切成4等分，將5杯水與1/4杯的鹽混合後淋在白菜上鹽漬。白菜變軟後洗淨瀝乾。芹菜、大蒜和薑切絲。

2 在白菜葉片之間塞入芹菜絲、蒜絲和薑絲。醬料混合煮滾後，過篩去除乾辣椒與昆布，最後淋在白菜上即可。

Maman Gateau

photo by Maman Gateau

知名有機手工餅乾專賣店的糕點師所開設的烘焙教室兼甜點咖啡館，可以品嘗到近來在日本引領甜點風潮的生牛奶糖、焦糖蛋糕捲等各種以手工焦糖製成的甜點。此外還有每天由老闆親手製作的限定甜點，甚至提供作法的說明服務。最令人開心的莫過於是設有正統的烘焙教室，由畢業於法國藍帶料理學院的老闆與同樣出身國際製菓專門學校的糕點師，使用最高級的材料進行實習教學。同時還有專為計畫開店者量身訂作的商業課程，讓想要學習高水準製菓課程與行銷課程的創業者趨之若鶩。

店家資訊 | **Maman Gateau** / 마망 가또

- Concept 咖啡館兼烘焙教室，販售焦糖製成的各種甜點
- Where 首爾新沙洞林蔭道
- Open 週一～六 10：00～21：30／週日13：00～21：00
- Web www.momsbaking.com

Jenny's Bread

曾經在韓國弘益大學正門附近販售手工麵包三明治，而在饕客之間造成廣大迴響的Jenny's Bread。它現在開設了販售美味手工麵包的咖啡館，地點距離我的辦公室不遠，加上麵包實在太好吃了，於是我只要一有空便會繞過去。佛卡夏、拖鞋麵包、司康、鄉村全麥麵包、花椰菜派、棍子麵包等，每逢整點就有各種麵包出爐，香氣四溢，叫人實在無法過門不入。手工麵包做的三明治搭配咖啡，讓人彷彿進行了一趟短暫的美食之旅。

店家資訊 **Jenny's Bread** / 제니스 브레드

● Concept　就像是老朋友所開的咖啡館
● Where　首爾西橋洞
● Open 11：30～10：00　● Web www.jennyscafe.co.kr

Simple Bread

原始好味道的手工麵包

番茄起司三明治

法式吐司

墨西哥烘餅披薩

奶油起司貝果

棍子麵包起司三明治

青花魚三明治

鮭魚捲餅三明治

烤牛肉貝果三明治

佛卡夏三明治

雞蛋蝦仁三明治

小紅莓雞肉三明治

大蒜麵包

香辣吐司三明治

生菜沙拉披薩

番茄起司三明治

這是運用番茄起司沙拉製成的餐點。
把美味的馬茲拉起司放進購物車後，
眼睛又瞄到新鮮羅勒，
這道食譜便像火光般閃過我的腦海。
羅勒和番茄可說是夢幻組合，
非常適合加在各種料理上！

材料

1～2人份〔20分鐘〕　難易度 ★☆☆

主材料　馬茲拉起司100公克、番茄1顆、吐司4片、羅勒醬2匙、胡椒粉少許

羅勒醬　橄欖油1/2杯、羅勒葉10片、帕馬森起司粉2匙、鹽‧胡椒粉少許

❶ 馬茲拉起司切片。

❷ 番茄切片。

❸ 吐司薄薄抹上一層羅勒醬。

❹ 將起司與番茄放在吐司上，灑上鹽和胡椒粉並蓋上另一片吐司。

❺ 利用烤箱或烤三明治機將起司稍微融化。

Flavoring Story

羅勒醬是利用大蒜、起司、橄欖油等材料所製成的醬料，可塗抹在烤過的麵包或肉類上，也可以塗抹在番茄上烤熟食用。剩下的羅勒醬必須冷凍保存，使用前解凍即可。

Tip　夾在三明治裡的起司替換成保存於鹽水中的新鮮起司（fresh cheese）會更加美味。而烤三明治時，利用烤三明治機（帕尼尼機）會更方便，若手邊沒有烤箱等機器，也可以利用平底鍋喔。

法式吐司

材料

1～2人份〔20分鐘〕

主材料 奶油起司4匙、雞蛋1顆、牛奶1/2杯、鹽少許、吐司（厚片）2片、草莓醬2匙、奶油適量、糖粉（裝飾用）少許、蜂蜜（或楓糖漿）適量

難易度 ★☆☆

Flavoring Story

從楓樹抽取甜液提煉而成的就是楓糖漿，香味獨特，相當適合佐鬆餅或吐司食用。手邊若沒有楓糖漿，也可以用蜂蜜或果糖替代。

這是讓變得乾硬的吐司大變身的方法之一，加入奶油起司與果醬後，讓吐司變好吃。但若是想讓這道餐點更加美味的話，記得一定要用剛出爐的吐司哦！

1 用叉子或打蛋器將奶油起司壓軟。

2 雞蛋打散後，加入牛奶攪拌均勻並以鹽調味。

3 將厚片吐司分別均勻塗抹草莓醬和奶油起司後，裹上蛋汁。

4 熱鍋後塗上奶油，放上吐司煎烤。完成後將吐司去邊並切成適當大小，最後灑上糖粉，佐以蜂蜜。

豐富美味的內餡

墨西哥烘餅披薩

材料

1～2人份〔30分鐘〕

主材料 雞肉（里肌）6塊、
洋蔥1/4顆、青椒1/2個、紅
椒1/2個、鹽·胡椒粉少許、
墨西哥烘餅2片、辣醬1匙、
披薩起司1杯、油適量

雞肉醃料 烤肉醬（市售）2
匙、料理酒

難易度 ★★☆

Tip

沒有烤箱的話，也可以利用
平底鍋以小火烤至起司融化
為止。

墨西哥烘餅發源自墨西哥與美國西南部，
將玉米粉麵糰擀成圓薄片後烘烤而成。
最近更以麵粉代替玉米粉，
並佐以蔬菜、肉類與醬料食用。
製作披薩時也可以墨西哥烘餅來取代披薩餅皮喔。

1 雞肉醃製20分鐘後，放
入熱油鍋，以大火煎過兩
面後，轉成中火將雞肉內
部煎熟，完成後切塊。

2 將洋蔥、青椒和紅椒切絲
後放入熱油鍋以中火拌
炒，接著加入鹽和胡椒粉
調味。

3 先將少許起司鋪在一片墨
西哥烘餅上，接著鋪上炒
熟的雞肉、蔬菜和辣醬，
再灑上剩下的起司並蓋上
另一片墨西哥烘餅。

4 用烤箱以220℃烤7～8分
鐘。

Cafe Dishes

貝果是不好吃的麵包？

奶油起司貝果

材料

1～2人份〔20分鐘〕

主材料 奶油起司1/4盒、堅果（核桃、杏仁、南瓜籽等）1/4杯、奶油少許、貝果2個

難易度 ★☆☆

Tip

堅果類脂肪含量高，容易變質，請務必密封冷藏保存。

咖啡館常會將貝果與咖啡組成套餐。
若您不明白為什麼大家喜歡乾硬的貝果，
不妨塗上大量奶油起司吃吃看吧！
吃過就會知道為什麼貝果能在一夕之間
變成家喻戶曉的巨星。

1 將奶油起司置於室溫下變軟。

2 堅果切碎後，與奶油起司混合。

3 用麵包刀將貝果剖半，抹上奶油後略烤。

4 最後將混合堅果的奶油起司塗抹在貝果上。

大蒜麵包之外的好選擇

棍子麵包起司三明治

材料

1～2人份〔20分鐘〕

主材料　棍子麵包1條、高達起司片4片、火腿片2片、黑橄欖3粒、奶油‧芥末籽醬少許

難易度　★☆☆

Tip

芥末籽醬因為香氣與味道較為強烈，若放得太多，會壓過其他材料的味道。

棍子麵包除了做成大蒜麵包之外，
為了保留棍子麵包剛出爐時的純粹風味，
只用起司與火腿來製作這道簡單的三明治。
相當適合咖啡館做為下午茶的餐點唷！

1 用麵包刀將棍子麵包剖半。高達起司切成條狀。

2 黑橄欖切成圈狀。

3 將奶油置於室溫下變軟後，與芥末籽醬混合，並塗抹在棍子麵包內側。

4 鋪上起司、火腿片和橄欖即可。

牛肉與貝果是好朋友

烤牛肉貝果三明治

相較於牛排，大家更熟悉烤肉。
若想製作熱騰騰的三明治，
夾入烤肉當內餡的貝果三明治可是最佳選擇！

材料

1～2人份〔30分鐘〕

主材料 牛肉（里肌肉或烤肉片）150公克、鹽・胡椒粉少許、油適量、貝果1個、秀珍菇4朵、洋蔥1/4顆、青椒1/4個、紅椒1/4個、蠔油1匙、番茄1/2顆、披薩起司1/2杯、奶油少許

難易度 ★★☆

Tip

若使用整塊牛排肉，必須煎熟後切片；若使用烤肉片，只要炒過即可。為了避免美味的肉汁流失，必須用大火快速煎（炒）熟。

1 熱油鍋，放入灑上鹽和胡椒的牛肉以大火煎熟。

2 貝果剖半，秀珍菇用手剝成絲，洋蔥、青椒和紅椒切絲。

3 熱油鍋，加入洋蔥略炒後，放入秀珍菇同炒，接著加入蠔油調味。最後放入青椒和紅椒略炒。

4 番茄對切後再切片，將奶油塗在貝果上，接著鋪上炒熟的牛肉、番茄與蔬菜。灑上胡椒粉和披薩起司後，用烤箱以220℃烤5～6分鐘。

青花魚三明治

材料

1~2人份〔30分鐘〕

主材料 鹽漬青花魚1條、料理酒1匙、洋蔥1/2顆、番茄1/2顆、生菜2片、醃黃瓜3條、棍子麵包1條

麵包抹醬 美乃滋2匙、芥末醬1匙

難易度 ★★☆

Tip

將洋蔥浸泡冷水，可維持清脆並減少辛辣。

在羊肉料理占多數的伊斯坦堡餐廳中，
當我因為討厭羊騷味而食不下嚥時，
竟邊品嚐到青花魚三明治，
將烤得香噴噴的青花魚放入棍子麵包中，
再佐以生菜⋯⋯那滋味真是叫人難忘！

1 將處理好的鹽漬青花魚灑上料理酒後烤10分鐘。

2 洋蔥切絲、浸泡冷水後，擠乾水分。番茄切片。

3 生菜洗淨後，用手撕成一口大小。醃黃瓜切成圓片。

4 棍子麵包剖半後，一半塗上混合均勻的美乃滋和芥末醬，接著鋪上青花魚和菜。最後蓋上另一半棍子麵包，切成方便食用的大小。

Cafe Dishes

外觀漂亮，味道一定好！

佛卡夏三明治

油炸料理雖然美味，
但對於想要維持S曲線與腹肌的人來說，
往往無法痛快地享用。
想和油炸食品一樣美味，
但熱量卻大大降低的料理方法就是利用烤箱。
口感清淡的佛卡夏麵包，
讓這道特別的三明治更加美味。

材料

1～2人份〔30分鐘〕 難易度 ★★☆

主材料 佛卡夏麵包1個、雞肉（里肌）8塊、鹽‧胡椒粉少許、生菜2片、菊苣少許、番茄1/2顆、奶油少許　**麵衣** 麵包粉1杯、乾羅勒0.3匙、橄欖油5匙、花生末2匙、麵粉1/4杯、雞蛋1顆　**塔塔醬** 美乃滋3匙、醃黃瓜末0.5匙、水煮蛋1/4顆、洋蔥末1匙、檸檬汁1匙、鹽‧胡椒粉少許

❶ 用麵包刀將佛卡夏麵包剖半，雞肉以鹽‧胡椒粉調味。

❷ 把麵衣材料裡的麵包粉、乾羅勒、橄欖油和花生末攪拌均勻。

❸ 調味過的雞肉依序沾上麵粉和蛋汁後，以緊壓的方式沾上麵衣。

❹ 將雞肉排在烤盤上，用烤箱以220℃烤10分鐘。

❺ 生菜與菊苣洗淨瀝乾，番茄切成厚片。

❻ 塔塔醬材料均勻混合。佛卡夏麵包的一面塗上奶油後，鋪上準備好的蔬菜與烤雞肉，最後淋上塔塔醬即可。

Tip

製作麵衣時，除了羅勒之外，也可以依喜好加入咖哩等的香辛料。佛卡夏三明治裡的塔塔醬相當適合搭配炸魚料理，不妨跟各種油炸料理一同食用。

Cafe Dishes

小紅莓雞肉三明治

1~2人份〔30分鐘〕

主材料 可頌麵包2個、小紅莓乾2匙、雞胸肉1塊、月桂葉1片、胡椒粒0.3匙、洋蔥末1匙、鹽・胡椒粉少許、美乃滋3匙、奶油少許、黃芥末少許、生菜1片、芥末葉少許

難易度 ★★☆

Tip

手邊若沒有月桂葉的話，省略也無妨。雞肉也可以利用烤箱以200℃烤15分鐘。

近來市面上出現許多水果乾。
葡萄乾、小紅莓乾、奇異果乾等，
雖然主要用來佐酒，但也能應用在料理中。
若搭配雞肉製成沙拉或三明治，
除了能展現酸甜口味之外，軟Q的咀嚼感更是一絕。

1 可頌麵包橫切剖半，小紅莓乾切碎。

2 在滾水中放入月桂葉和胡椒粒後，放進雞胸肉煮20分鐘，接著將雞肉撕成細絲。

3 在雞肉絲中加入小紅莓乾和洋蔥末，以鹽・胡椒粉調味，並加入美乃滋。

4 奶油置於室溫下變軟後，混入黃芥末，並薄薄塗抹在可頌麵包上，接著鋪上生菜、芥末葉和雞肉絲，最後蓋上另一半可頌麵包即可。

烤肉蝦仁漢堡算什麼！

雞蛋蝦仁三明治

材料

1～2人份〔30分鐘〕

主材料 吐司4片、雞蛋3顆、蝦仁1/3杯（40公克）、鹽少許、洋蔥末3匙、醃黃瓜末1匙、美乃滋3匙、番茄醬1匙、鹽‧胡椒粉少許、生菜2片

難易度 ★☆☆

Tip

水煮蛋若不盡快降溫，剩餘的熱氣會使蛋黃變為綠色，同時散發腥味，蛋殼也會變得不好剝。另外，蛋白與蛋黃必須分開切碎，因為一起切容易出現蛋白太大塊而蛋黃又太碎的現象。

在家也能輕鬆做的雞蛋三明治，只要在水煮蛋中加入蔬菜攪拌均勻即可完成。若是吃膩了生菜沙拉，不妨將生菜加入裡頭一起吃吧。

1 將雞蛋整顆放入鍋中，加入能淹過雞蛋的水量後煮15分鐘，然後將雞蛋放入冷水中冷卻。

2 接著剝除蛋殼，將蛋白與蛋黃分開切塊。

3 滾水加入少許鹽，放入蝦仁煮熟後撈出，待涼後加入雞蛋中。

4 加入洋蔥末、醃黃瓜末、美乃滋和番茄醬後拌勻，並以鹽和胡椒粉調味。在吐司上鋪上生菜和其他食材後，蓋上另一片吐司，並切成適當大小。

Cafe Dishes

鮭魚捲餅三明治

材料

1～2人份〔30分鐘〕

主材料 墨西哥烘餅2片、生菜2片、洋蔥1/2顆、奶油起司3匙、芥末籽醬少許、煙燻鮭魚（片裝）6片、酸豆少許

難易度 ★☆☆

Flavoring Story

煙燻鮭魚是將生鮭魚鹽漬後煙燻而成，分為塊裝與片裝，另外也有添加香辛料或其他的口味。酸豆是將生長在地中海沿岸的植物花苞摘下後，以醋醃漬而成，搭配鮭魚料理，能減少油膩感。

鮭魚雖然是受到全世界認可的健康食材，
但若是介意鮭魚的油脂過多，
不妨多加點洋蔥一起食用。

1 墨西哥烘餅以無油的鍋子烘烤正反兩面。

2 生菜洗淨並瀝乾水分。洋蔥切絲後，放入冷水去除辣味後瀝乾。

3 將奶油起司置於室溫下變軟，然後混入芥末籽醬。

4 奶油起司均勻抹在墨西哥烘餅上，接著鋪上生菜、洋蔥、煙燻鮭魚和酸豆後捲起。

香氣四溢的絕配

大蒜麵包

材料

1～2人份〔30分鐘〕

主材料 吐司（厚片）1片

大蒜奶油 奶油3匙、蒜末2匙、砂糖1匙、鹽少許、巴西利末0.5匙

難易度　★☆☆

Tip

當吐司或棍子麵包變得乾硬時，可塗上大蒜奶油做成大蒜麵包。製作大蒜奶油時，奶油若是利用微波爐加熱融化，會失去香氣，因此務必置於室溫下自然變軟。另外也可以利用橄欖油或葡萄籽油來代替奶油。

香氣四溢讓人難以抗拒的大蒜麵包。
實際製作之後，便會發現它的味道更是令人折服。
若想做出貨真價實的大蒜麵包，
請務必購買整條吐司自行切成適當的厚度。

1 將吐司切出格子狀刀痕，深度切至2/3即可。

2 將奶油置於室溫下變軟。

3 製作大蒜奶油。變軟的奶油中加入蒜末和砂糖拌勻後，加入鹽與巴西利末。

4 將大蒜奶油塗抹於吐司上，用烤箱以220℃烤6～7分鐘。

香辣吐司三明治

材料

1～2人份〔20分鐘〕

主材料 吐司4片、洋蔥1/4顆、青陽辣椒1條、油適量、蒜末0.5匙、牛肉（絞肉）1/3杯（60公克）、料理酒1匙、洋蔥末2匙、綜合蔬菜1/3杯、燉豆（或豌豆）1/4杯、番茄醬3匙、辣醬1匙、披薩起司1/2杯

難易度 ★★☆

認為三明治就得在麵包中夾入蔬菜、牛肉、海鮮的人，
看到這道料理一定會心想：「這才不是三明治！」
但它可是出乎意料地美味唷！
為了符合韓式口味，而加入青陽辣椒，
香辣的味道讓人活力充沛。

Flavoring Story

將雲豆加入番茄糊、砂糖等材料，以罐頭形式販售的燉豆，味道酸中帶甜。開封後必須放入密閉容器，並以冷藏或冷凍的方式保存。

① 吐司去邊，洋蔥切丁、青陽辣椒切絲。

② 熱油鍋，放入蒜末爆香，加入牛肉和料理酒。

③ 將洋蔥、綜合蔬菜、燉豆和青陽辣椒放入鍋中同炒，接著加入番茄醬和辣醬調味。

④ 將吐司塞入瑪芬模具中整成杯狀，放入炒好的蔬菜，並灑上披薩起司，用烤箱以200℃烤10分鐘。

披薩與沙拉的美味關係

生菜沙拉披薩

材料

1～2人份〔30分鐘〕

主材料 墨西哥烘餅2片、番茄醬汁1/3杯、披薩起司1/2杯、帕馬森起司粉2匙、生食蔬菜（或芝麻葉）適量、濃縮義大利黑醋（或義大利黑醋）少許

難易度 ★☆☆

Flavoring Story

義大利黑醋（Balsamic Vinegar）是葡萄酒熟成後所釀製的醋，以小火燉煮後會變得濃稠並散發甜味，相當適合作為沙拉醬汁或沾醬。濃縮義大利黑醋則為「Balsamic Cream」或「Balsamic Reduction」。

熱燙的披薩上竟然放了新鮮沙拉，這是在開什麼玩笑？看起來雖然突兀，但只要嚐過便會讚嘆它的美味。由於能同時品嘗新鮮蔬菜，也就不需要再另外準備生菜沙拉了。

1 墨西哥烘餅上均勻塗抹番茄醬汁後，灑上披薩起司和帕馬森起司粉。

2 將墨西哥烘餅放在烤盤上，用烤箱以200℃烤7分鐘。

3 生菜洗淨並瀝乾水分。

4 將墨西哥烘餅自烤箱取出，鋪上蔬菜，並灑上濃縮義大利黑醋。

献給素食主義者的厚片豆腐

豆腐三明治

材料

1～2人份〔30分鐘〕

主材料 豆腐（板豆腐）1/2塊、鹽少許、油適量、生菜2片、紅椒1/2個、吐司4片、醃辣椒2匙、牛排醬少許

豆腐調味料 醬油2匙、料理酒1匙

難易度 ★☆☆

Tip

可在番茄醬中加入蠔油略煮，藉以代替牛排醬。

在韓國，素食者想要外食總是倍感到困擾，
因為韓國餐廳沒有專為素食者準備的餐點，
因此我才會設計出這道以豆腐為主的素食餐點。

1 豆腐切成厚片，灑鹽以去除水分。熱油鍋，將豆腐煎至金黃色，接著加入醬油和料理酒燉煮。

2 生菜洗淨並瀝乾水分，紅椒切絲。熱油鍋，放入紅椒略炒，並以鹽調味。

3 吐司用吐司機烤過，或者用無油的鍋子將兩面略微烤過。

4 在吐司上鋪上生菜、豆腐、紅椒和醃辣椒，最後淋上牛排醬即可。

與三明治絕配的熱湯

南瓜濃湯

材料

1～2人份〔30分鐘〕

主材料 南瓜1/2顆、洋蔥
1/4顆、奶油1匙、水2杯、牛
奶1杯、鹽·胡椒少許

難易度 ★☆☆

Tip

南瓜用湯匙去籽後，盡可能
地切成薄片，以便煮軟。

每到秋天，總會買南瓜回家製作各式料理，
但最受歡迎的總是南瓜濃湯。
柔滑中帶著香甜，是最當季的早午餐。

1 南瓜去皮去籽並切成薄
片。洋蔥切絲。

2 熱鍋融化奶油後，加入南
瓜和洋蔥，炒至洋蔥變得
透明。

3 接著用水將南瓜煮軟，一
起放入果汁機打碎後，再
次煮滾。

4 最後倒入牛奶煮至濃稠，
再以鹽·胡椒粉調味，也
可以依喜好加糖。

馬鈴薯濃湯

西洋料理中，萬萬不能少的就是馬鈴薯。
對於常吃牛排的西方人來說，
馬鈴薯可是維持營養均衡的好食材。

材料

1～2人份〔30分鐘〕

主材料 馬鈴薯2顆、洋蔥1/8顆、蔥白1段（約3公分長）、橄欖油1匙、牛奶2杯、水1杯、鹽·胡椒粉少許

難易度 ★★☆

Tip

馬鈴薯含有澱粉，容易黏附在鍋底，因此必須特別注意火候。另外，馬鈴薯若以牛奶煮熟，能散發出更好的味道和營養，但如果只使用牛奶，容易溢出鍋外，因此必須加水一起熬煮。

1 馬鈴薯去皮後切成薄片，洋蔥與蔥白切絲。

2 以橄欖油熱鍋，放入洋蔥和蔥白炒至透明後，加入馬鈴薯同炒。

3 接著倒入牛奶和水煮滾。

4 待馬鈴薯煮軟後，與牛奶一起倒入果汁機中打碎，接著以鹽·胡椒粉調味。

看似簡單，其實不簡單

蘑菇濃湯

材料

1～2人份〔30分鐘〕

主材料 蘑菇100公克、洋蔥1/8顆、馬鈴薯1/4顆、奶油2匙、麵粉1匙、水2杯、牛奶1杯、鮮奶油1/2杯、鹽‧胡椒粉少許

難易度 ★★☆

Flavoring Story

在市售奶油濃湯中，加入馬鈴薯、南瓜一同熬煮，便能輕鬆煮出各種口味的濃湯。

蘑菇的故鄉在歐洲，經過漫長旅途才傳入亞洲，在我們疲憊無力而沒胃口時，最適合煮成濃湯享用。

❶ 蘑菇洗淨後切片。

❷ 洋蔥切絲，馬鈴薯則去皮切片。

❸ 熱鍋融化奶油後，放入洋蔥略炒，再加入馬鈴薯和蘑菇同炒，接著加入麵粉拌炒，小心燒焦。

❹ 倒入水煮滾後，放入果汁機打碎，並再次倒入鍋中，加入牛奶煮滾後，加入鮮奶油熬煮至濃稠，以鹽‧胡椒粉調味。

Cafe Dishes

野菜濃湯

材料

1～2人份〔30分鐘〕

主材料 馬鈴薯1/2顆、高麗菜1片、胡蘿蔔1/8條、洋蔥1/6顆、芹菜少許、番茄1/2顆、奶油2匙、蒜末1匙、番茄糊1匙、水3杯、雞湯塊1塊、月桂葉1片、鹽・胡椒粉少許

難易度　★☆☆

Flavoring Story

雞湯塊是代替高湯使用的調味料，除了塊狀，也有粉狀。可自由運用於各種湯類。

日本有家人氣湯品專賣店，
他們最受歡迎的要數蔬菜濃湯，
也許是因為一次能吃到多種蔬菜。
簡簡單單的一碗濃湯，是補充各種營養素的最佳料理。

1 馬鈴薯去皮切丁，高麗菜、胡蘿蔔、洋蔥、芹菜也切丁。

2 番茄去籽後也切丁。

3 熱鍋融化奶油，加入蒜末爆香，依序放入馬鈴薯、高麗菜、胡蘿蔔、洋蔥、芹菜炒熟後，加入番茄與番茄糊同炒。

4 最後加入水、雞湯塊和月桂葉煮滾，待蔬菜煮軟後，以鹽・胡椒粉調味。

With Dip 醇厚的味道 —— 沾醬

近來很多人喜歡在餐廳或家中享用早午餐，
社區小型麵包店更是如雨後春筍般出現。
沾醬可說是讓麵包躍升主角的主要推手，
只要有了各式沾醬，就連女王的餐桌也不值得欣羨。

巧克力醬

How to Cook

將黑巧克力50公克隔水加熱融化後，加入杏仁粉0.5匙攪拌均勻。

花生奶油醬

How to Cook

花生醬2匙加入番茄醬0.5匙和煉乳0.5匙後攪拌均勻。

起司醬

How to Cook

在奶油起司2匙中，加入鮮奶油1匙、水飴1匙和切碎的葡萄乾1.5匙後攪拌均勻。

羅勒美乃滋醬

How to Cook

美乃滋1/4杯加入蜂蜜1匙和羅勒1匙後攪拌均勻。

黑棗醬

How to Cook

在切碎的黑棗3匙中，加入美乃滋3匙、砂糖0.5匙、檸檬汁1匙、巴西利末少許後攪拌均勻。

柚子優格醬

How to Cook

優格1/2杯加入柚子醬1匙、檸檬汁1匙、鹽少許後攪拌均勻。

酪梨醬

How to Cook

酪梨1/2顆加入鮮奶油1匙、鹽·檸檬汁少許後攪拌均勻。

★建議搭配大蒜麵包。

明太子醬

How to Cook

明太子1片加入美乃滋1.5匙、奶油起司50公克、檸檬汁0.3匙後攪拌均勻。

★建議搭配棍子麵包。

沾醬Dip

供蔬菜棒、麵包、蘇打餅沾食的醬料。

花茶與香草茶

散發自然香氣的花茶

- - - - - - - -

我是愛茶者。每到春天,我總會摘下桑葉的嫩芽,泡壺桑葉茶飲用;若是工作太過疲勞,更會沏上一壺菊花茶或艾草茶來解勞;若家裡來了訪客,則會用蓮葉茶來招待。朋友總會問:「這麼好喝的茶要上哪兒買?」其實這都是我向每年隨著花季前線走遍山間田野製作花茶的宋熙子先生所訂購的。號稱最美花茶的桃花茶;帶有濃郁艾草香氣,能讓心情開朗的艾草茶;能夠紓壓,讓頭腦變得清晰的菊花茶;聚集百種花卉而得名的百花茶;應有盡有。

Tea Museum的香草茶

- - - - - - - -

每次路過首爾狎鷗亭洞,我總會繞去一家茶館Tea Museum。出生於紅茶國度的英籍老闆與曾留學英國的韓籍老闆娘結婚後,兩人踏遍世界各地的茶園所引進的茶與香草在這裡都品嘗得到。打開茶館大門的瞬間彷彿讓人置身於茶園之中的狎鷗亭店雖然已經歇業,但幸好還能在樂天百貨總店與西面店購買到這些美味的茶品。

店家資訊

● Where 首爾樂天百貨總店B1
● Web www.teamuseum.co.kr

SOO:P COFFEE FLOWER

鄰近明洞的小公洞在連鎖咖啡館的環伺之下，有間特色十足的咖啡館尤其引人注目，那就是由花藝設計師的母親與身為義式咖啡師的兒子所共同經營的SOO:P COFFEE FLOWER，它位於1930年建造的老舊建築物的一樓，以外露的水泥牆、樹與花為主題，打造出自然不造作的風格。高聳的天花板、寬敞的高桌，以及處處散置的綠色植物。在這裡能盡情擁有連鎖咖啡館所無法享受到的悠閒午後。招牌餐點為有機鬆餅與健康飲料「南瓜蜂蜜拿鐵」、「生薏仁拿鐵」。尤其是熟客最愛的南瓜蜂蜜拿鐵聲名遠播。另外，利用Terarosa咖啡原豆所萃取的咖啡更是絕品，使用知名麵包店每天早上新鮮供應的麵包所做的三明治亦是不可錯過的美味。

店家資訊　SOO:P COFFEE FLOWER / 숲 커피 플라워

● Concept　花卉咖啡館　● Where　首爾小公洞
● Open　11：30～22：30

Green Salad

輕食零負擔的沙拉

烤牛肉肉年糕沙拉

海鮮沙拉

豆腐大醬沙拉

雞肉蔥沙拉

香烤豬肉沙拉

菠菜沙拉

冬粉沙拉

梅醬蘆筍沙拉

馬鈴薯橄欖沙拉

優格水果沙拉

烤魷魚沙拉

大醬核桃沙拉

海帶芽番茄沙拉

充滿躍動感的沙拉

烤牛肉年糕沙拉

這是一道韓國味十足的沙拉。
當初只是在吃剩的烤肉中，放了年糕變化成沙拉，
沒想到竟然會如此美味。
雖然是利用剩餘食材所製作的料理，
但作為獨立餐點也毫不遜色。

材料

1～2人份〔30分鐘〕 難易度 ★★☆

主材料 牛肉（烤肉片）200公克、生食蔬菜（生菜、菊苣等）200公克、條狀年糕1條、油適量 **牛肉調味料** 醬油2匙、水飴1匙、砂糖0.5匙、料理酒1匙、蔥末1匙、蒜末0.5匙、香油0.5匙、胡椒粉少許 **沙拉醬** 橄欖油3匙、義大利黑醋（或一般醋）1匙、胡椒粒少許

❶ 將牛肉調味料的材料混合攪拌均勻後，加入牛肉醃製。

❷ 生食蔬菜洗淨切成一口大小後浸泡冷水，再撈出並瀝乾水分。

❸ 先將條狀年糕切段（約2公分長）再縱切剖半。

❹ 將橄欖油與義大利黑醋混合攪拌後，加入研磨的黑胡椒粒製成沙拉醬。

❺ 熱油鍋，放入牛肉以筷子翻炒。

❻ 將蔬菜、牛肉和年糕盛盤，於食用前淋上沙拉醬即可。

Tip 冷硬的年糕可以用滾水燙軟後拌入香油。烤牛肉年糕沙拉的沙拉醬可以用橄欖油、葡萄籽油或芥花油等適合做沙拉醬汁的油替代；義大利黑醋則可以用一般醋替代。

五顏六色，充滿大海氣息

海鮮沙拉

雖然每個人的喜好不同，
但相較於肉類，有更多人喜歡海鮮。
因為海鮮本身就擁有絕妙滋味，
因此不需要特別的沙拉醬汁。

材料

1～2人份〔40分鐘〕

主材料 蝦子4尾、小章魚
2隻、干貝2個、彩椒（黃、
綠、紅）各1/3個、洋蔥1/4
顆、橄欖4顆、橄欖油2匙、
白酒（或清酒、料理酒）2匙

沙拉醬 蜂蜜3匙、醋2匙、
橄欖油1匙、百里香1株、鹽
0.5匙、胡椒粉少許

難易度 ★★☆

Tip

小章魚去除內臟後，灑上麵
粉抓勻，再洗淨即可。

1 蝦子去殼並去除沙腸後，
摘掉頭部。

2 小章魚處理後切成3～4
等分，干貝去除邊緣的薄
膜後劃下刀痕，彩椒和洋
蔥切絲。

3 將沙拉醬的材料混合攪拌
均勻。

4 以橄欖油熱鍋，放入蝦
子、小章魚、干貝略炒
後，加入白酒續炒。炒熟
後，與彩椒、洋蔥、沙拉
醬一起拌勻即可。

最佳配角的蔥躍升主角了

雞肉蔥沙拉

材料

1～2人份〔30分鐘〕

主材料 雞胸肉2塊（200公克）、蔥2根、生食蔬菜100公克、油適量

調味醬 辣椒粉1匙、醋3匙、魚露2匙、砂糖2匙、水飴2匙、蒜末1匙、芝麻鹽0.5匙、香油1匙

雞胸肉醃料 料理酒2匙、鹽‧胡椒粉‧迷迭香少許

難易度 ★★☆

Tip

胡椒粒必須研磨過才能散發美味，迷迭香可以省略。調味醬可保留一部分作為沙拉醬使用。

蔥並非只能當作佐菜，
秋冬的蔥擁有不輸給其他蔬菜的甜美滋味。
雖然這是一道以蔥為主的特色沙拉，
但還是邀請了好夥伴雞肉擔任最佳配角。

❶ 雞胸肉加入料理酒、鹽‧胡椒粉‧迷迭香醃製後，煎到兩面呈金黃色，並切成適當大小。

❷ 蔥切絲（約4公分長），浸泡冷水5分鐘後瀝乾。生食蔬菜洗淨後瀝乾。

❸ 將調味醬的材料混合均勻後，加入蔥絲拌勻。

❹ 生食蔬菜和雞胸肉盛盤後，再鋪上蔥絲，並淋上剩餘的調味醬。

讓東方沙拉醬更顯出色

豆腐大醬沙拉

材料

1～2人份〔20分鐘〕

主材料 豆腐1塊（200公克）、小豆苗等生食蔬菜適量

沙拉醬 大醬1匙、橄欖油2匙、醋1匙、料理酒1匙、砂糖0.5匙

難易度 ★★☆

Tip

選用鹽度比自製大醬還要低的市售大醬，也可以用日本味噌替代。

這是我在大賣場的豆腐試吃攤發現的料理。
豆腐不僅適合搭配醬油和辣椒醬，
和大醬的味道融合後，滋味更是好。
若是厭倦各家咖啡館大同小異的沙拉，不妨考慮它吧。

❶ 豆腐切丁（約2公分大小）。

❷ 小豆苗等生食蔬菜洗淨瀝乾備用。

❸ 沙拉醬的材料混合拌勻。

❹ 將豆腐、蔬菜和沙拉醬略微攪拌後盛盤。

就算減重時期也能安心享用

香烤豬肉沙拉

材料

1～2人份〔40分鐘〕

主材料 豬肉（里肌）1塊
（300公克）、洋蔥1/2顆、
生食蔬菜適量

豬肉醃料 清酒1匙、鹽‧胡
椒粉少許

沙拉醬 芝麻粒1匙、花生
醬1匙、醋2匙、砂糖1匙、水
5匙、芥末醬0.5匙、醬油0.5
匙、鹽0.3匙

難易度 ★☆☆

Tip

沒有烤箱時，可以利用白煮
肉的方法：在滾水中加入
蒜、薑後，放入豬肉以小火
煮30～40分鐘至豬肉熟透。

豬肉或牛肉一旦冷掉，脂肪凝固就會使味道大打折扣，
因此比起冷盤料理，更常以熱食方式享用。
而豬里肌肉因為脂肪含量少，就算冷掉也不影響美味，
對於正在減肥的人來說，更是再適合不過了。

❶
豬肉灑上清酒和鹽‧胡椒
粉醃製。

❷
洋蔥切成厚片後鋪在烤盤
上。將豬肉放在洋蔥上
頭，用烤箱以180℃烤30
分鐘後切成薄片。

❸
生食蔬菜洗淨瀝乾，與豬
肉片一起盛盤。

❹
將沙拉醬的材料放入果汁
機打成醬汁後，淋在豬肉
片與蔬菜上。

Cafe Dishes

梅醬蘆筍沙拉

材料

1～2人份〔20分鐘〕

主材料 蘆筍10根、鹽少許、蝦子8尾

青梅醬 青梅汁3匙、橄欖油4匙、洋蔥末2匙、小黃瓜末3匙、湯醬油0.5匙、鹽少許

難易度 ★☆☆

Tip

加入綠色蔬菜的沙拉，得在食用前才淋上沙拉醬，以避免蔬菜變色。

蘆筍口感清脆，顏色鮮嫩，
相當適合搭配各種食材，
然而因為價格昂貴，難以購買而不普及。
但無論如何，我是絕對不會放棄它！

❶ 將蘆筍稍微曲折，切除較老而無法折斷的部分，並用削皮刀削除底部的外皮。在滾水中加入鹽，放入蘆筍汆燙後過冷水。

❷ 將蝦子去除沙腸後，燙熟去殼。

❸ 青梅醬的材料混合攪拌均勻。

❹ 蝦子與蘆筍盛盤後，淋上青梅醬即可。

大力水手卜派的最愛

菠菜沙拉

材料

1～2人份〔30分鐘〕

主材料 菠菜（較嫩的部分）1把、帕馬森起司粉少許、麵包丁少許

沙拉醬 培根3片、洋蔥末4匙、蒜末0.5匙、義大利黑醋1/2杯、砂糖0.5匙、鹽・胡椒粒（現磨）少許、橄欖油1/4杯

難易度 ★★☆

Tip

麵包丁是將吐司切成1公分的正方體後，以奶油或橄欖油煎至金黃色。若要製作蒜香麵包丁，只要將蒜末放入奶油或橄欖油中爆香後，再加入吐司即可。

西方國家經常出現利用菠菜製成的沙拉，在習慣將菠菜燙熟後拌入香油、芝麻鹽的韓國，菠菜沙拉可說是相當陌生的餐點。

1 菠菜選用較嫩的部分，洗淨後切成便於一口食用的大小。

2 培根切碎後略炒，再加入洋蔥末和蒜末同炒，小心燒焦。

3 接著加入義大利黑醋熬煮，在醬汁減少至一半後，加入砂糖並以鹽・胡椒粒調味，最後加入橄欖油攪拌均勻。

4 將菠菜盛盤後淋上沙拉醬，再灑上帕馬森起司粉與麵包丁即可。

以豆腐代替起司

番茄豆腐沙拉

番茄、馬茲拉起司與羅勒三種簡單食材，
便能打造出義大利的代表性開胃菜——番茄起司沙拉。
但因為生起司難以購得，便以豆腐替代，
沒想到豆腐的味道柔嫩，吃起來更是清爽。

❶ 豆腐切成一口大小，洋蔥
切丁，黑橄欖切成圈狀。

❷ 小番茄去蒂並在底部切出
十字刀痕後汆燙，接著放
入冷水冷卻並去除外皮。

❸ 將法式醬汁的材料混合攪
拌至砂糖和鹽溶解為止。

❹ 在盤中放入豆腐、小番
茄、洋蔥和黑橄欖後，淋
上法式醬汁。

每天吃也無妨

優格水果沙拉

1～2人份〔30分鐘〕

主材料 當季水果（蘋果、水蜜桃、奇異果、橘子、柿子等）100公克、生食蔬菜1把（150公克）、堅果2匙

優格醬汁 手工優格（或市售優格）1/2杯、芥末籽醬2匙、檸檬汁2匙、蜂蜜1匙、鹽少許

難易度 ★☆☆

比起熟軟的水果，清脆的蘋果或柿子等水果更適合沙拉。堅果類若直接使用將容易變得濕潤，最好能先用烤箱烤過或用熱鍋炒過。

沙拉醬（dressing）一詞源自洋裝（dress），
如洋裝般緩緩下滑的狀態而得名。
大多使用油或醋製作，
但近來市面上卻出現了不添加油類的沙拉醬，
順應這股風潮，試做了這道優格醬汁。

❶ 將當季水果洗淨並切成一口大小。

❷ 生食蔬菜洗淨瀝乾，以手撕成便於食用的大小。

❸ 將優格醬汁的材料混合攪拌均勻。

❹ 水果、生食蔬菜和堅果盛盤後，淋上優格醬汁。

大醬核桃沙拉

材料

1～2人份〔30分鐘〕

主材料 蔬菜（小黃瓜、芹菜、山藥、彩椒、胡蘿蔔、生菜）適量

大醬核桃醬 核桃碎粒3匙、大醬（選用鹽度較低的產品）1匙、美乃滋3匙、檸檬汁0.5匙

難易度 ★☆☆

Tip

核桃亦可用杏仁或花生等堅果替代。

被活用於包醬的大醬因為過鹹而無法多吃，
因此在大醬中加入核桃與美乃滋，製作出鹹度適中的沙拉醬汁，
大量淋在蔬菜上食用，不僅味道剛好，香味更是迷人。

1 蔬菜後切成條狀盛盤。

2 核桃碎粒放入無油的鍋中炒香。

3 使用鹽度較低、可直接食用的大醬，加入核桃、美乃滋和檸檬汁，混合攪拌均勻製成沙拉醬，供蔬菜沾食。

地中海風健康沙拉

馬鈴薯橄欖沙拉

材料

1～2人份〔30分鐘〕

主材料 馬鈴薯2顆、鹽少許、花椰菜1/4朵、鯷魚2條、橄欖4粒、美乃滋4匙、鹽·胡椒粉·巴西利末少許

難易度 ★☆☆

Tip

若不喜歡美乃滋，可以用橄欖油或葡萄籽油來替代，並用帕馬森起司粉來調味。

就像我們傳統市場中堆成小山般的醬菜與乾貨一樣，在地中海的市場裡，則能看見堆積成山的各式橄欖。現在超市就買得到橄欖罐頭，這些地中海的寶石被醃漬得酸酸鹹鹹，可直接食用，更適合放入沙拉裡。

1 馬鈴薯洗淨去皮，切成一口大小，放入加鹽的滾水煮熟後瀝乾水分。

2 花椰菜切成小塊，氽熟後瀝乾水分。

3 鯷魚切碎後加入馬鈴薯攪拌均勻。

4 最後加入花椰菜、橄欖、美乃滋攪拌均勻，加入鹽和胡椒粉調味，灑上巴西利末即可。

Cafe Dishes

冬粉沙拉

材料

1～2人份〔30分鐘〕

主材料　冬粉100公克、蝦仁1/2杯、芹菜1/2根、洋蔥1/4顆、小番茄4顆、生食蔬菜少許、碎花生2匙

沙拉醬　檸檬汁1匙、紅辣椒末1匙、青辣椒末1匙、蒜末0.3匙、魚露2匙、鳳梨汁2匙、醋1匙、砂糖1.5匙

難易度　★★☆

Tip

選用熟蝦仁時，雖然可以直接使用，但最好還是稍微燙過，另外也可以用魷魚來代替蝦仁。

這是經常出現在泰國料理的沙拉。
灑在冬粉和蔬菜上的魚露味道和韓國的海鮮醬味道相似，使得這道料理大受韓國人歡迎。
就讓我們來學習這道清爽又實在的沙拉吧！

❶ 冬粉泡軟後煮熟，接著過冷水並瀝乾水分。蝦仁燙熟後瀝乾。

❷ 芹菜去除表皮的纖維後切成斜片，洋蔥切絲後泡冷水再瀝乾，小番茄剖半。

❸ 沙拉醬的材料混合拌勻。

❹ 將所有食料盛盤，淋上沙拉醬並攪拌均勻，最後灑上碎花生。

與大海共舞的筷子

烤魷魚沙拉

材料

1～2人份〔30分鐘〕

主材料　魷魚1條、橄欖油1匙、香草鹽0.5匙、生食蔬菜適量、水餃皮2片、炸油適量

豆瓣醬汁　香油1匙、豆瓣醬1匙、清酒1匙、醬油1匙、番茄醬2匙、洋蔥末2匙、蔥末2匙、芝麻1匙

難易度 ★★☆

Flavoring Story

香草鹽是添加了奧勒岡、胡椒粒、蒜、辣椒等香料的加工鹽，使用方便，分為一般與辣味兩種口味。

在韓國，除了青花魚之外，最常出現在餐桌上的海鮮就是魷魚了。這道料理既能作為正餐也能當作點心，若選擇在早午餐時段享用，更是再適合不過。

1 魷魚去除內臟後，灑上橄欖油和香草鹽醃製。

2 將魷魚放在鋪了鋁箔紙的烤盤上，用烤箱以200℃烤10分鐘後，切成便於食用的大小。

3 生食蔬菜洗淨瀝乾。水餃皮切絲後，以170℃油炸至酥脆。

4 將生食蔬菜、魷魚和炸水餃皮盛盤。將豆瓣醬汁的材料混合攪拌均勻後淋上即可。

海帶芽番茄沙拉

海帶芽與小黃瓜可以說是天作之合。
利用在盛夏中吸飽陽光生長的小黃瓜來製作涼湯，
喝下一碗便能暑氣全消。
而咖啡館的夏季限定沙拉正是動員了海帶、小黃瓜與番茄，
接著再請來利用生糙米發酵製成、擁有豐富健康成分的黑醋，
聯手打造出充滿特色、味道清爽的沙拉。

材料

1～2人份〔20分鐘〕 難易度 ★★☆

主材料 番茄2顆、小黃瓜1/2條、泡開的海帶芽1/4杯、鹽少許、小鯷魚2匙
黑醋醬汁 洋蔥末3匙、橄欖油2匙、黑醋1匙、檸檬汁1匙、蜂蜜1匙、鹽‧胡椒粉少許

1 番茄洗淨去蒂並切成8等分。

2 小黃瓜去皮並整條切出刀痕後，浸泡鹽水略為醃漬，取出後洗淨並擠乾水分，再切成一口大小。

3 泡開的海帶芽汆燙後，過冷水並瀝乾水分，接著切成適當大小。

4 小鯷魚放入無油的鍋中，以小火炒至酥脆，去除腥味。

5 將黑醋醬汁的材料混合拌勻。

6 番茄、小黃瓜與海帶芽盛盤，淋上黑醋醬汁，並灑上小鯷魚。

Flavoring Story 黑醋是使用生糙米發酵而成的醋，也被稱為醋王，是日本的代表性健康飲品，使用黑醋製成的沙拉醬汁則可帶出更為濃厚的風味。

With Dressing

青梅醋

蘋果醋

葡萄籽油

橄欖油

鯷魚露

紅酒醋

青梅醬汁

橄欖油

居家常備的基礎沙拉醬

青梅醋

以青梅發酵而成的醋，帶有微微香氣，相當適合作為沙拉醬汁使用。青梅有優異的殺菌效果，最適合在必須嚴防食物中毒的夏天食用。

蘋果醋

保有蘋果的酸甜滋味，味道與香味都相當出眾，可使用於各種沙拉。由於隨手可得，更能活用於各種料理之中。

紅酒醋

西方的醋主要以葡萄製成，雖然帶有濃厚風味，可是由於色澤如同葡萄酒般深重，因此作為沙拉醬汁使用時，必須考慮食材的顏色搭配。

鯷魚露

鯷魚露比鯷魚液的味道更為醇厚，多使用於韓式沙拉，也可以在東南亞風味的沙拉中，代替魚露使用。除了沙拉之外，還能使用於快炒料理或湯品。

葡萄籽油

適合作為沙拉醬汁的油類，若不喜歡橄欖油的獨特風味，不妨試試帶有清爽滋味的葡萄籽油。

青梅醬汁

青梅僅在夏天短暫現身，若無法親手醃製青梅醬汁，不妨使用一年四季都買得到的市售青梅醬汁。加入沙拉醬汁中，可展現青梅的濃厚味道與適當的甜度，因此就算不另外添加砂糖，也能品嘗到美味的沙拉。

橄欖油

沙拉醬汁中最常使用的油類。作為沙拉醬使用時，可展現出橄欖的風味與營養。坊間有各式產品，其中不妨試試「Olitalia」的橄欖油或添加迷迭香的香草橄欖油。

生食蔬菜推薦

韓式燒肉中用來包肉吃的生食蔬菜都能當沙拉食用，或者也可以使用小豆苗等嫩芽蔬菜。

生食蔬菜洗淨後，必須用瀝水盤或蔬菜脫水器瀝乾水分，因為殘留的水分過多時，會讓沙拉醬汁的味道變淡。此外，最好能用手撕或塑膠刀來代替金屬刀處理蔬菜。

最常作為沙拉食用的美生菜在清洗時，可先用刀將根部的菜芯剖開後，讓微溫的水流入葉片之間，接著再倒放讓水流出，反覆幾次便能將內部清洗乾淨，又能維持清脆口感。而清洗蔬菜時，最好能事先將水接進盆中，以免在清洗的過程中損傷蔬菜。

With Dressing

東洋沙拉醬

杏仁核桃沙拉醬

黃芥末沙拉醬

奇異果沙拉醬

優格沙拉醬

立即就能品嘗的市售沙拉醬

奇異果沙拉醬

以奇異果為主要材料，添加鳳梨、醋等食材。奇異果帶有軟化肉類的作用，能讓肉類味道更上一層樓，因此相當適合加入牛排或雞肉的沙拉。對於討厭吃蔬菜的孩子來說，淋上酸甜的奇異果沙拉醬，則能降低他們對蔬菜的抗拒感。此外，也相當適合想讓身體變得更加柔軟的人。

推薦給討厭油膩沙拉醬的人
優格沙拉醬

以優格為基底，添加醋、蘋果與洋蔥等食材，清爽溫和的味道適合水果沙拉或蔬菜沙拉。在沒有胃口的時候，可淋在當季蔬菜上吃；若水果變得不太好吃時，可先切成一口大小後沾食。減重中的人也能天天享用。

推薦給想要鍛鍊完美腹肌的男性
杏仁核桃沙拉醬

以杏仁、核桃、美乃滋、醋等食材製成，馨香味道讓人無法抗拒。適合豆腐或雞胸肉沙拉，也可以活用作為蔬菜棒的沾醬。為了鍛鍊完美腹肌而選用清淡的雞胸肉時，不妨試這款沙拉醬。

推薦給喜歡吃辣的人
黃芥末沙拉醬

以黃芥末、醋、蜂蜜、芥花油等食材製成的沙拉醬。帶有酸甜滋味，相當適合與蔬菜、雞肉、海鮮或起司一同食用。而在使用這種帶有油脂的沙拉醬時，記得要事先搖晃均勻。

推薦給不習慣沙拉的老人
東洋沙拉醬

以醬油、醋、芥花油、紅酒製成，因為添加了醬油，而廣為東方人接受，相當適合搭配烤肉料理或蔬菜料理食用。

Today's Plate

活力的來源？咖啡館簡餐！

●●●● 辣炒豬肉

●●●● 健康糙米飯

●●●● 海帶大醬湯

●●●● 韓式生菜沙拉

●●●● 醃洋蔥

●●●● 多纖蔬菜飯

●●●● 香嫩豆腐排

●●●● 醬燒馬鈴薯

●●●● 黃金雞蛋湯

●●●● 泡菜鮪魚蓋飯

●●●● 梔子飯

●●●● 薄片蘿蔔泡菜

●●●● 烤牛肉蓋飯

●●●● 豌豆飯

●●●● 野菜玉子燒

●●●● 豆芽湯

●●●● 醬燒豆腐

Monday's Lunch

健康糙米飯

辣炒豬肉

海帶大醬湯

醃洋蔥

韓式生菜沙拉

總不能在咖啡館裡吃烤五花肉吧？

辣炒豬肉

材料

1～2人份〔20分鐘〕

主材料 豬肉（梅花肉或五花肉）200公克、洋蔥1/4顆、高麗菜2片、胡蘿蔔1/6根、蔥1/3根、青辣椒1/2條、油適量、香油1匙、黑芝麻少許

調味料 韓國辣椒醬3匙、辣椒粉1匙、醬油1匙、砂糖1匙、水飴1匙、蒜末0.5匙、胡椒粉少許

難易度 ★☆☆

Tip

青辣椒的味道來自籽跟芯，建議不要挖除內部。而胡蘿蔔太多容易壓過其他食材的味道，因此一點點即可。

辣炒豬肉是韓國人最喜歡的料理之一，香辣帶勁的好滋味，彷彿能將日常生活中的壓力一掃而空。

1 將豬肉切成適當的薄片，加入醃料，攪拌均勻使其入味。

2 將洋蔥、高麗菜和胡蘿蔔切塊，蔥和青辣椒斜切成適當大小。

3 熱油鍋，將醃過的豬肉放入鍋中拌炒，接著加入洋蔥、高麗菜和胡蘿蔔一起炒熟。

4 放入蔥和青辣椒略炒後，加入香油拌勻。裝盤後灑上黑芝麻即可。

糙米飯

材料

1～2人份〔20分鐘〕

主材料 糙米1/4杯、白米1杯、水1+1/4杯

難易度 ★☆☆

Tip

煮飯時，最好能將米洗淨後再泡水。浸泡過的米粒易碎，若先浸泡再洗的話，雜質會被米吸收，讓飯變得無味。夏天時，米若是沒洗乾淨，更容易讓飯餿掉。

一群人到餐廳用餐，
若是每個人點的餐點都不同，
偶爾會被服務生要求「點一樣的」。
然而我曾去過某間咖啡館，
點餐時竟被詢問是要白飯還是雜糧飯。
我想會讓人想要再度光臨的就是這種咖啡館吧！

❶ 將糙米和白米混合，洗淨後浸泡20分鐘。

❷ 把浸泡過的米放入電鍋，加入水炊煮即可。

就算不是生日也能享用的美味

海帶大醬湯

材料

1～2人份〔20分鐘〕

主材料 水發海帶1/2杯、豆腐1/4塊、細蔥（或大蔥）少許、水3杯、昆布（10×10公分）1塊、大醬2匙、蒜末0.5匙

難易度 ★☆☆

Tip

購買乾海帶時，選擇已經切成小段的，使用時較為方便。乾海帶在浸泡過後，將膨脹為10倍大。

海帶是大家相當熟悉的食材，
但海帶湯要長時間熬煮才好喝，
而這裡要介紹的是加入大醬後迅速完成的即食海帶湯。

❶ 將水發海帶切成適當大小，豆腐切成骰子大小，細蔥切珠。

❷ 昆布放入水中煮滾，開始沸騰後續煮2～3分鐘，然後將昆布撈起。

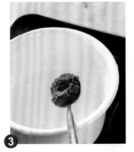

❸ 將昆布高湯加熱，於沸騰前加入大醬攪拌均勻。

❹ 加入海帶、豆腐略煮後，放入蒜末煮滾即可。最後裝入碗中並灑上細蔥。

Cafe Dishes

新鮮蔬食的力量

韓式生菜沙拉

涼拌泡菜？生菜沙拉？
總覺得涼拌泡菜只適合出現在韓國餐廳裡，
而在咖啡館就應該吃生菜沙拉，
因此才把這道涼拌泡菜取名為韓式生菜沙拉。

材料

1～2人份〔20分鐘〕

主材料 生食用蔬菜（白菜心、山蒜、薺菜等）100公克

沙拉醬 湯醬油（或魚露）1匙、醋2匙、水飴1匙、砂糖0.5匙、辣椒粉1匙、香油1匙、芝麻少許

難易度 ★☆☆

Tip

蔬菜若未瀝乾，就算加了沙拉醬也會因水分過多而使味道變淡，因此請務必利用瀝水盆或蔬果脫水器確實瀝乾水分。

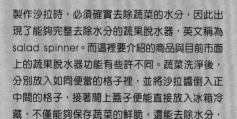

◉ Kitchenware Story

蔬果脫水器

製作沙拉時，必須確實去除蔬菜的水分，因此出現了能夠完整去除水分的蔬果脫水器，英文稱為 salad spinner。而這裡要介紹的商品與目前市面上的蔬果脫水器功能有些許不同。蔬菜洗淨後，分別放入如同便當的格子裡，並將沙拉醬倒入正中間的格子，接著闔上蓋子便能直接放入冰箱冷藏，不僅能夠保存蔬菜的鮮脆，還能去除水分，可謂一舉兩得。

❶ 蔬菜洗淨，並切成一口大小，瀝乾水分後盛盤。

❷ 沙拉醬的材料混合後，於食用前淋在蔬菜上即可。

買得到醃黃瓜，卻買不到美味的醃洋蔥

醃洋蔥

材料

1～2人份〔20分鐘〕

主材料 洋蔥3顆、小黃瓜1條、紅辣椒2條、青辣椒2條

醃漬辛香料 水1杯、醋3/4杯、砂糖1杯、鹽2匙、胡椒粒1匙、丁香·肉桂少許、月桂葉3片

難易度 ★☆☆

Flavoring Story

辛香料主宰醃漬品的獨特香氣與味道，若使用以胡椒粒、肉桂、月桂葉等能襯托出醃漬品味道的各種辛香料所製成的醃漬辛香料，便能更輕鬆地做出美味的醃漬類佳餚。

到了春末，到處都有新鮮清脆的洋蔥。
生吃更能品嘗洋蔥的甜美。
若想要長時間保存美味的洋蔥，最好的方法就是製成醃洋蔥。
到咖啡館用餐，若是吃膩了醃黃瓜，那就試試它吧！

❶ 洋蔥去皮洗淨切塊（約3公分寬）。紅辣椒和青辣椒切片。

❷ 小黃瓜以直切與橫切各切成4等分，和洋蔥、辣椒一同放入已用熱水消毒過的玻璃容器。

❸ 將醃漬辛香料煮滾。

❹ 醃漬辛香料趁熱倒入步驟❷的玻璃容器中，待熱氣消除後，確實密封並放入冰箱保存。

Cafe Dishes

Tuesday's Lunch

黃金雞蛋湯

多纖蔬菜飯

香嫩豆腐排

韓式醃黃瓜

今天不想吃雜糧飯！

多纖蔬菜飯

材料

1～2人份〔20分鐘〕

主材料 米1杯、乾香菇2
朵、蓮藕1/8個、牛蒡1/6
根、胡蘿蔔少許、昆布
（10×10公分）、醃薑、細
蔥·鹽少許

調味料 醬油2匙、料理酒1
匙、水1杯、鹽少許

難易度 ★★☆

Tip

乾香菇必須先用水泡軟後才
能使用。浸泡時，水太多會
讓香菇的味道與香氣流失，
因此以淹過香菇的水量最為
適當，使用溫水則能縮短浸
泡的時間。

一天的力氣應該是來自一碗美味的飯吧？
就算沒有小菜，也能扒光一整碗讓人心滿意足的飯！
加入多纖蔬菜後，同時兼顧營養與美味，
還有什麼比這碗炊飯更好呢？

① 米洗淨後，浸泡20分鐘。

② 香菇去蒂切塊；蓮藕、牛
蒡和胡蘿蔔，去皮切塊。

③ 醃薑切碎、細蔥切珠。

④ 米、香菇、蓮藕、牛蒡、
胡蘿蔔、昆布和調味料一
起炊煮，煮熟後以飯匙拌
勻。接著加入醃薑和細
蔥，再次拌勻即可。

香嫩豆腐排

這是專為素食者所設計的餐點。
並非只有肉類才能做成排餐，
利用「板豆腐」做成的豆腐排，
美味一點兒也不輸肉排！

材料

1～2人份〔30分鐘〕

主材料 板豆腐1塊（200克）、洋蔥1/8個、蘑菇2朵、油適量、鹽·胡椒粉少許、山藥（或蟹味棒、蒸魚板）1/6個、麵包粉1/4杯、生食用蔬菜50公克

豆腐醃料 鹽·胡椒粉少許

醬汁 醬油2匙、水飴1匙、水1/4杯、薑片（約一塊份量）、香油少許

難易度 ★★☆

Tip

炒過的蔬菜若未完全冷卻就放入豆腐內攪拌的話，容易使豆腐腐敗。

1 將板豆腐以刀背壓碎後，利用廚房紙巾或乾紗布擠乾水分，接著加入豆腐醃料調味。

2 熱油鍋，分別將切碎的洋蔥和蘑菇炒熟，並以鹽和胡椒粉調味。另外，山藥磨成泥。

3 將洋蔥、蘑菇、山藥、麵包粉加入豆腐中，拌勻後捏製成圓餅狀，接著放入預熱的油鍋中，將兩面煎至金黃色。

4 將醬汁倒入與豆腐排一起熬煮，並不時將醬汁均勻塗抹在豆腐排上，煮至入味即可盛盤。將生食用蔬菜放在豆腐排上，並淋上少許醬汁。

餐桌上的亮點

黃金雞蛋湯

材料

1～2人份〔10分鐘〕

主材料 雞蛋2顆、金針菇1包、細蔥（或大蔥）少許、鰻魚濃縮高湯2匙、水3杯、鹽少許

難易度 ★☆☆

Flavoring
Story

鰻魚濃縮高湯是以鰻魚、蛤蜊、柴魚等食材所製成的湯底，用來製作湯類料理，就不需再另外熬煮高湯，相當方便。

有些人吃飯時一定要喝湯。
這道為了在咖啡館用餐也想喝湯的客人所準備的雞蛋湯，
料理程序簡單，口味又讓人心滿意足。

① 將雞蛋打勻後過篩。

② 金針菇切除根部後洗淨，長度切半。細蔥切段（約3公分長）。

③ 水和鰻魚濃縮高湯煮滾後，加入鹽調味。

④ 依序加入金針菇和蛋汁，為了不讓蛋汁凝結成塊，須慢慢分次加入。最後放入細蔥，湯滾即可關火。

Wednesday's Lunch

醬燒馬鈴薯

蘿蔔湯

泡菜鮪魚蓋飯

梔子飯

平凡食材交織而成的不平凡饗宴

泡菜鮪魚蓋飯

1～2人份〔20分鐘〕

主材料 白菜泡菜1/8顆、洋蔥1/4顆、細蔥2根、香油1匙、鮪魚（罐頭）1罐、水1杯、辣椒粉0.5匙、醬油0.5匙、砂糖0.5匙、太白粉水1匙、芝麻鹽少許、白飯1＋1/2碗

難易度 ★☆☆

Tip

白菜泡菜過酸時，只要用小火炒久一點，便能去除酸味。

第一次吃到鮪魚罐頭時，我覺得再也沒有比它更棒的美味了。
拉開罐頭，直接吃也無妨；
活用於料理中，更能輕鬆做出一碗無負擔的蓋飯。

❶ 白菜泡菜切成一口大小，洋蔥切塊，細蔥切珠。

❷ 以香油熱油鍋，放入泡菜拌炒後，加入洋蔥同炒。

❸ 洋蔥炒熟後，加入鮪魚拌炒，接著倒入水，並以辣椒粉、醬油、砂糖調味。

❹ 倒入太白粉水，當湯汁變得濃稠時加入細蔥、灑上芝麻鹽後，即可直接淋在白飯上。

Cafe Dishes

白飯上開滿了黃色花朵

梔子飯

材料

1～2人份〔30分鐘〕

主材料 米1杯、梔子1顆、
水1＋1/5杯

難易度 ★☆☆

Flavoring
Story

作為黃色天然色素的梔子因
為具有藥效，相當適合應用
在飯上。梔子可在傳統市場
的乾貨店輕易購得，在烘焙
材料行還能買到粉狀梔子。

梔子？應該很多人知道它是天然色素，
卻不曉得也能作為食材。
它能釋放出燦爛的金黃色，同時也具備良好的藥效，
製成的風味飯更是讓人口水直流。

❶ 米洗淨後，浸泡20分鐘。

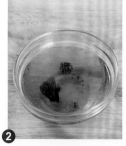

❷ 將梔子對半切開，以1＋
1/5杯的水浸泡，待釋放
出顏色之後過濾。

❸ 把過濾好的梔子水加入
米中炊煮即可。

雖是小菜，但作為零食更受歡迎

醬燒馬鈴薯

材料

1～2人份〔30分鐘〕

主材料 小馬鈴薯300公克、糯米椒8條、油1匙、水2杯、鹽0.5匙、黑芝麻少許

調味料 醬油1.5匙、蠔油1.5匙、料理酒1匙、砂糖1匙、水飴0.5匙

難易度 ★☆☆

Tip

炒馬鈴薯時，與其一開始就加水煮熟，不如將馬鈴薯炒成焦黃色後再加水，如此一來馬鈴薯不容易碎掉，更能縮短烹調時間。

小馬鈴薯不需削皮，
是可以整顆食用的食材中最具代表性之一。
將圓滾滾、大小適中的小馬鈴薯炒成焦黃色，
並加入醬料燉煮後，口感香嫩彈牙，
既美味又美觀，相當適合作為小菜。

1 小馬鈴薯表皮洗淨，大顆的對半切開。糯米椒洗淨去蒂。

2 熱油鍋，放入小馬鈴薯炒成焦黃色。

3 將水加入小馬鈴薯中煮滾，馬鈴薯大致煮熟後，加入醬料熬煮。

4 加入糯米椒，並不時將醬料舀起淋在小馬鈴薯上，待小馬鈴薯完全煮熟後灑上黑芝麻即可。

Thursday's Lunch

薄片蘿蔔泡菜

芹菜辣椒醬菜

烤牛肉蓋飯

豌豆飯

韓國定番主菜

烤牛肉蓋飯

材料

1～2人份〔30分鐘〕

主材料 牛肉（烤肉片）
200公克、洋蔥1/2顆、秀珍
菇100公克、韭菜40公克、
太白粉水2匙、油適量

調味料 醬油3匙、水飴1
匙、料理酒1匙、砂糖0.5
匙、蔥末2匙、蒜末0.5匙、
水1/2杯、胡椒粉少許

難易度 ★★☆

Tip

時間不夠時，先調好調味
料，再倒入牛肉中，以手抓
拌，如此一來便能讓肉更快
入味。

好吃得讓人豎起大拇指的烤牛肉蓋飯。
能讓完全不了解韓國的外國人一吃就愛上的韓國料理，
我認為非烤牛肉莫屬。

1 時間不夠時，先調好調味
料，再倒入牛肉中，以手
抓拌，如此一來便能讓肉
更快入味。

2 洋蔥切絲，秀珍菇剝開，
韭菜洗淨後去除水分並切
段（約3公分長）。

3 熱油鍋，放入牛肉以大火
快炒，接著加入洋蔥、秀
珍菇以中火拌炒。當牛肉
大致炒熟後，加入太白粉
水調整濃稠度，最後放入
韭菜略炒。

豌豆飯

1～2人份〔20分鐘〕

主材料 米1杯、豌豆（冷凍）1/4杯、鹽少許、水1杯

難易度 ★☆☆

Flavoring Story

市售的豌豆包括當季的生豌豆、豌豆罐頭與冷凍豌豆。在難以買到生豌豆的季節裡，不妨將冷凍豌豆汆燙過後使用。豌豆還能用來煮濃湯，或加入糯米粉、米粉中熬煮成粥。

電影或電視劇常常出現女孩為男孩做便當，
用豌豆在白飯上排列愛心模樣以表達愛意的片段。
每次看到都覺得幼稚極了，
但若是收到某人為自己做的愛心豌豆飯時，一定會很感動吧？

❶ 米洗淨後，浸泡20分鐘。

❷ 將米和豌豆放入鍋中，加入水和鹽巴少許，拌勻後炊煮。

❸ 煮熟後，將飯拌勻即可。

在咖啡館也能享用風味獨特的泡菜

薄片蘿蔔泡菜

材料

1～2人份〔30分鐘〕

主材料 白蘿蔔100公克、
白菜200公克、粗鹽2匙、紅
辣椒1條、細蔥4根、水芹菜
10株、大蒜2瓣、薑少許

湯汁 水6杯、鹽2匙、砂糖
0.5匙、辣椒粉少許

難易度 ★★☆

Tip

醃製薄片蘿蔔泡菜時，若一
開始就加入水芹菜，泡菜在
熟成的過程中會讓水芹菜
變黃。因此必須在泡菜熟成
後、放入冰箱冷藏前，才加
入水芹菜，如此才能長久維
持水芹菜的顏色與香氣。

薄片蘿蔔泡菜醃得越久越鮮脆，
在油膩餐點接連上場、滿滿一桌的料理中，
無疑是天然胃腸藥。
春天時，讓山菜浮在湯汁上頭；
冬天時，就用蘋果或水梨帶出清爽的好滋味吧。

❶ 白蘿蔔切成2公分見方的
薄片；白菜摘除最外面的
葉片，僅留黃色菜心，切
成與白蘿蔔同樣大小。灑
上粗鹽醃漬後，洗淨瀝
乾。

❷ 紅辣椒切片，細蔥和水芹
菜洗淨後切段（約3公分
長）。大蒜和薑切絲。

❸ 將辣椒粉以紗布袋包起
來，浸水並輕輕晃動以釋
出顏色。水變色後，加入
鹽、砂糖調味。

❹ 鹽漬過的白菜和白蘿蔔中
加入蔥絲和薑絲攪拌均勻
後，放入細蔥、水芹菜，
並倒入泡菜湯汁。在室溫
下放置一天，熟成後移至
冰箱冷藏保存。

Cafe Dishes

Friday's Lunch

醬燒豆腐

野菜玉子燒

泡菜炒飯

豆芽湯

溫暖十足的美味炒飯

泡菜炒飯

材料

1~2人份〔30分鐘〕

主材料 米1杯、酸白菜泡菜1/8顆、細蔥少許、水1杯、醬油1匙、芝麻鹽、香油少許

難易度 ★☆☆

Tip

醬油可以使用陳醬油或湯醬油。湯醬油的顏色雖然比陳醬油淺，但鹽度高、鹹味強，因此必須依醬油的種類來調整用量。

韓國人沒有泡菜就活不下去！
就連吃披薩都會想起泡菜，從泡菜湯到泡菜煎餅，
利用煎、煮、炒等各種方式的泡菜料理當中，
最方便的莫過於泡菜炒飯了。

1 米洗淨後，浸泡20分鐘。

2 白菜泡菜切成小塊，細蔥切珠。

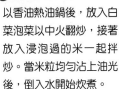

3 以香油熱油鍋後，放入白菜泡菜以中火翻炒，接著放入浸泡過的米一起拌炒。當米粒均勻沾上油光後，倒入水開始炊煮。

4 煮熟後，加入醬油、芝麻鹽、香油和細蔥，攪拌均勻即可。

豆芽湯

會讓人一邊喝熱湯，一邊說「真舒服」的豆芽湯。
黃豆中的維生素C含量雖然不高，
但成長成豆芽之後卻變得含量豐富。
以香辣料理為主食時，豆芽湯絕對是不二選擇。

材料

1～2人份〔20分鐘〕

主材料 豆芽1把（100公克）、青辣椒1/2條、紅辣椒1/2條、大蔥少許、水3杯、鹽漬蝦醬0.5匙、鹽少許

難易度 ★☆☆

Tip

豆芽1把是指用一隻手輕抓的量，大約100公克。煮豆芽時，若一開始就蓋上鍋蓋，那麼在煮熟之前都不可以打開；若一開始就沒蓋鍋蓋，那麼到煮熟為止都不能蓋上鍋蓋。鹽漬蝦醬是韓式鹽漬的蝦米，跟泰式蝦醬不一樣哦！

❶ 豆芽頭尾處理過後洗淨。

❷ 將青辣椒、紅辣椒和大蔥切片。

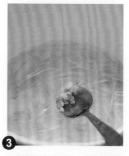

❸ 豆芽加水煮滾，當豆芽飄出香味時，再放入切碎的蝦醬。

❹ 加入青辣椒、紅辣椒、大蔥後，以鹽調味即可。

國民餐桌上的生力軍

醬燒豆腐

材料

1~2人份〔10分鐘〕

主材料 豆腐1塊（200公克）、大蒜1瓣、鹽‧大蔥‧辣椒少許、油適量

醬料 醬油2匙、砂糖0.5匙、水1/4杯、芝麻鹽‧香油少許

難易度 ★☆☆

Tip

在豆腐上灑鹽可讓豆腐變硬，容易料理。同時，若將豆腐先煎過再燉煮，豆腐就不易碎，並散發出焦香滋味。若希望醬燒豆腐帶點香辣口感，只要用辣椒粉代替辣椒絲即可。

在咖啡館裡並非只能享用異國料理，若手藝高超的你能完美呈現這道料理，那麼豆腐就是最棒的食材。

① 將豆腐切成大小適中的厚片後，灑上鹽以去除水分，接著在熱好的油鍋中煎得焦黃。

② 大蔥切絲、大蒜切末、辣椒切絲（約2公分長）。

③ 醬料充分混合後，放入蔥絲、蒜末、辣椒絲拌勻。

④ 醬料倒入豆腐中。在燉煮的過程中要不時將醬料舀起淋在豆腐上以便入味。

就算被嘲笑是兒童口味，只要好吃又有何妨

野菜玉子燒

材料

1～2人份〔20分鐘〕

主材料 雞蛋3顆、鹽·胡椒粉少許、胡蘿蔔1/8根、青椒1/4個、洋蔥1/6顆、細蔥2根、油適量

難易度 ★☆☆

Tip

大火煎蛋會使雞蛋變硬，因此必須以中火或小火煎熟。趁雞蛋還熱呼呼的時候，用飯捲竹簾捲起，會讓形狀更漂亮。

玉子燒是讓人每天都想吃的料理，
甚至有餐廳推出以十顆以上的雞蛋所煎成的厚實玉子燒。
利用添加的材料不同還可做出變化多端的玉子燒。

❶ 雞蛋去除蛋筋後，加入少許鹽、胡椒粉，攪拌均勻。

❷ 胡蘿蔔、青椒、洋蔥和細蔥切碎後，加入蛋汁中拌勻。

❸ 熱油鍋，轉成中火，將一半蛋汁倒入鍋中，在完全變熟之前捲起，接著倒入剩下的蛋汁繼續捲成條狀。

❹ 待玉子燒冷卻後，切成適當大小即可。

Kotobano-haoto

日本的咖啡館普遍會提供餐點，我曾前往京都進行美味紀行，當時友人推薦有著「青春之飯」料理的咖啡館，一聽就知道一定有許多能讓人補充能量的飯類餐點。如同美國詩人塞繆爾・厄爾曼的詩歌《青春》所述：「青春不是年華，而是心境……如此銳氣，二十後生有之，六旬男子則更多見。年歲有加，並非垂老；丟棄，方墮暮年。」這裡就是專為正在度過燦爛青春時期的人們做飯的咖啡館。若盛盤能多下點功夫，讓餐點看起來更加美味，那麼就能堂堂正正地名列菜單上，這個小小抱負成為我設計咖啡館簡餐菜色的動機。

店家資訊 **Kotobano-haoto /**
　　　　　古書と茶房
　　　　　ことばのはおと

● Concept 視生活為旅行的老闆夫婦
　在充滿古書與雜貨的咖啡館中，烤
　蛋糕、煮茶、製作餐點，偶爾還舉
　辦展覽與現場演唱會。
● Where 日本京都
● Open 11：30～19：30
● Closed 週一、二

Lunch Box

提著好看，吃得美味

黃瓜飛魚卵壽司

三明治便當

飯糰便當

花飯便當

飯捲便當

懷舊便當

白菜漬

玉子燒壽司

照燒豆腐壽司

彩椒壽司

煙燻鮭魚壽司

蝦壽司

夏威夷壽司

醃甜菜蓮藕

便當裡開花了！

九宮格壽司便當

經濟不景氣，再加上外賣飲食不合胃口，
使得近來這些小巧可愛的便當蔚為流行。
接下來要介紹的正是裡外兼具的便當。

壽司

1～2人份〔40分鐘〕

主材料 白飯2碗
醋飯調味料 醋3匙、砂糖2匙、鹽0.5匙

How to Cook

將醋飯調味料混合煮滾，倒入白飯中拌勻，
待降溫後即可捏成圓形，準備製作壽司。

黃瓜飛魚卵壽司

鹽漬黃瓜＋醋辣椒醬＋飛魚卵

主材料　小黃瓜1/4條、醋辣椒醬1匙、飛魚卵1匙
How to Cook　將小黃瓜切成圓片並以鹽略為醃漬，接著放在壽司飯上，淋上醋辣椒醬並加上飛魚卵。

煙燻鮭魚壽司

煙燻鮭魚＋洋蔥末＋芥末

主材料　醃燻鮭魚2片、洋蔥末1匙、芥末0.5匙
How to Cook　將醃燻鮭魚捲起後放在壽司飯上，接著放上洋蔥末與芥末。

玉子燒壽司

玉子燒＋白蘿蔔泥＋芥末醬油

主材料　雞蛋2顆、白蘿蔔泥1匙、醬油1匙、芥末0.5匙、鹽·料理酒少許
How to Cook　雞蛋打散，加入鹽·料理酒攪拌均勻，煎成玉子燒後切成厚片放在壽司飯上，接著放上白蘿蔔泥，再淋上拌勻的醬油和芥末。

照燒豆腐壽司

照燒豆腐＋蔥絲

主材料　板豆腐1/4塊、鹽·醬油·水飴·砂糖少許、蔥絲少許
How to Cook　將豆腐切成與壽司飯同寬，灑鹽後煎至金黃，接著加入醬油、水飴和砂糖熬煮後，放在壽司飯上，再放上蔥絲，並淋上剛剛熬煮剩餘的醬汁。

夏威夷壽司

火腿＋鳳梨＋牛排醬

主材料　切片火腿1片、鳳梨1塊、牛排醬1匙
How to Cook　將火腿切成與壽司飯同寬，煎至金黃色。鳳梨切成與火腿同大小後略烤。將火腿與鳳梨放在壽司飯上，並淋上牛排醬即可。

彩椒壽司

烤彩椒＋美乃滋

主材料　彩椒1/4個、美乃滋1匙
How to Cook　彩椒連皮一起烤至表皮變焦，接著洗淨並剝除表皮。將烤熟的彩椒切絲後放在壽司飯上，並淋上美乃滋。

蝦壽司

蝦仁＋芥末美乃滋

主材料　蝦仁2尾、美乃滋1匙、芥末0.5匙
How to Cook　將壽司用蝦子或蝦仁放在壽司飯上，美乃滋和芥末攪拌均勻後淋在蝦上。

醃甜菜蓮藕＆白菜漬

★請參考第73頁

三明治便當

就算是相同的餐點，

也會隨著擺放方式的不同而呈現出不同風貌。

何不利用禮物盒或是現有的便當盒做出美觀的便當呢？

第一堂課就是學習做出男女老少都喜愛又方便享用的三明治便當。

● 鮭魚捲餅三明治
★作法請參考第64頁

● 高麗菜漬
★作法請參考第47頁

● 烤馬鈴薯條

不油炸也美味的
烤馬鈴薯條

1人份〔40分鐘〕

主材料 馬鈴薯2顆、橄欖油2匙、香草鹽0.3匙
How to Cook

馬鈴薯洗淨後，連皮切成8～10等分。將橄欖油和香草
鹽灑在馬鈴薯上，然後用烤箱以230℃烤10分鐘。

Ce qui compte c'est le
désir de transmettre.

Comme je
voudrais voir votre visage
je l'ai

Tip 便當包裝法

三明治包裝法

利用硫酸紙（防水防油的紙張，又稱羊皮紙）
或烘焙紙將三明治捲起後，再切成方便食用的
大小，既可避免內餡乾掉，同時便於取用。

小型分裝容器活用法

便當內若有空隙，可能因為搖晃而使得內容物
混合在一起，最好能使用小型分裝容器來避免
餐點之間產生空隙。

餐點料理法

製作便當餐點，必須選擇變涼之後味道也不會
相差太多的料理方法，譬如使用脂肪含量少的
肉類、以火烤來代替油炸。

沙拉與醬汁包裝法

拉沙與醬汁必須分別包裝，食用前再將醬汁淋
上。若家裡有幼兒，不妨活用藥水瓶。

鮮豔色彩裝飾法

餐點之間可以塞入巴西利或檸檬來豐富色彩。

飯糰便當

豆皮壽司

白菜醬菜

芝麻葉飯捲

從老一輩在青黃不接時期所吃的飯糰，
到近來孩子們喜愛的各式飯糰，
這是一道包括了不同背景、不同口味的特色便當。

材料

1～2人份〔20分鐘〕

主材料 白飯1碗、鹽·香油·黑芝麻少許、芝麻葉5片、海苔1片、蟹味棒2條、美乃滋少許

難易度 ★★☆

芝麻葉飯捲

How to Cook

①將鹽·香油·黑芝麻放入白飯中攪拌均勻。

②芝麻葉切半後去除粗硬的葉莖，海苔略烤後切成與芝麻葉同大小。

③蟹肉棒撕成絲後，拌入美乃滋。

④將飯平鋪在海苔上後翻面，在海苔上鋪上蟹味棒後捲起，最後再用芝麻葉包起來。

材料

1～2人份〔30分鐘〕

主材料 白飯1碗、醋飯用醋少許、胡蘿蔔·小黃瓜少許、豆皮5片

豆皮調味料 清酒1匙、水2匙、醬油0.5匙、砂糖0.5匙

醋飯調味料 醋2匙、砂糖1匙、鹽0.2匙

難易度 ★☆☆

豆皮壽司

How to Cook

①將醋飯調味料拌入白飯中，胡蘿蔔和小黃瓜切碎後與飯一起攪拌均勻。

②豆皮汆燙後，去除油分，擠乾水分，再切半並加入豆皮調味料熬煮。

③最後在豆皮內塞入醋飯即可。

材料

1～2人份〔30分鐘〕

主材料 白菜1顆、芹菜2根、大蒜2瓣、薑1/4個

醬油湯汁 醬油1/4杯、砂糖1/4杯、醋1/4杯、粗鹽2匙、昆布（5×5公分）1片、乾辣椒5條、水2＋1/2杯

難易度 ★★☆

白菜醬菜

How to Cook

①白菜切成4等分，將5杯水和1/4匙鹽混合後放入白菜鹽漬，然後洗淨並瀝乾水分。芹菜切成斜片，大蒜和薑切絲。

②在白菜葉片之間塞入芹菜、蒜和薑。將醬油湯汁的材料放入鍋中煮滾後，過篩以去除乾辣椒和昆布，最後淋在白菜上即可。

點心便當

誰說便當裡只能裝飯？
在覺得肚子有點餓的下午3～4點，
要是有這種點心便當該有多好。
讓人有種帶著便當來到青青草原的輕鬆感受！

新鮮水果串

卡士達水果塔

炸咖哩春捲

1～2人份〔30分鐘〕

主材料 蘋果1/4顆、香蕉
1/2條、油適量、咖哩粉0.5
匙、春捲皮2片、杏仁少許、
炸油適量

難易度 ★★☆

炸咖哩春捲

How to Cook

1 蘋果和香蕉切塊。

2 熱油鍋，放入蘋果和香蕉略炒，接著加入咖哩粉拌炒。

3 加入杏仁攪拌均勻。

4 將咖哩水果餡適量放在春捲皮上捲起，再以180℃油炸至金黃色。

1～2人份〔10分鐘〕

主材料 奇異果1顆、柿子1
顆、鳳梨1/8顆、竹籤數根

難易度 ★☆☆

新鮮水果串

How to Cook

1 選擇熟軟的奇異果，若奇異果較硬，放在室溫下變熟即可。將奇異果、
柿子和鳳梨去皮切成一口大小。

2 再將奇異果、柿子和鳳梨依序用竹籤串起即可。

1～2人份〔30分鐘〕

主材料 卡士達粉2匙、牛
奶1/4杯、當季水果（草莓、
奇異果、柿子、水梨等）適
量、迷你塔皮（市售）4個

難易度 ★☆☆

卡士達水果塔

How to Cook

1 將卡士達粉與牛奶拌勻製成濃稠的卡士達醬。

2 將各種當季水果切丁。

3 將卡士達醬倒入迷你塔皮中，再放上各種水果即可。

夏天沒胃口時的祕密武器

花飯便當

材料
- - - -

1～2人份〔30分鐘〕

主材料 米1杯、昆布（7×7
公分）1片、熟蝦仁1+1/2
杯、雞蛋1顆、鹽少許、小豆
苗1/4包、飛魚卵（兩色）各
2匙、鹽少許、油適量

醋飯調味料 醋3匙、砂糖2
匙、鹽0.5匙

難易度 ★★☆

How to Cook

1. 將米洗淨後與昆布、水一起炊煮，煮熟後趁熱加入
醋飯調味料拌勻。

2. 將熟蝦仁汆燙後撈起瀝乾。雞蛋加鹽後打散，在鍋
中塗上一層薄薄的油後，倒入蛋汁煎成薄蛋皮，然
後切絲（約3公分長）。

3. 小豆苗浸泡冷水，洗淨後瀝乾。

4. 將醋飯平鋪盛盤，再鋪上蛋絲、蝦仁、小豆苗和飛
魚卵。

飯比花嬌？

飯捲便當

材料

1～2人份〔30分鐘〕

主材料 包飯蔬菜（如高麗菜、芝麻葉、南瓜葉、昆布等）10片、白飯1碗

明太子醬 明太子2片、細蔥4根、紅辣椒1/2條、青辣椒1/2條、大蒜1瓣、香油2匙、黑芝麻1匙

難易度 ★☆☆

How to Cook

1. 包飯蔬菜以蒸籠蒸軟，或用微波爐加熱1～2分鐘也可以有同樣效果。昆布或海帶汆燙後擠乾水分。若是鹽漬昆布，則必須先以冷水清洗數次去除鹽分後再進行汆燙。

2. 明太子去除表皮，以刀背將卵刮出。細蔥切珠、紅辣椒和青辣椒切碎，大蒜切絲。

3. 在步驟 2 的食材中加入香油和黑芝麻攪拌均勻。

4. 在變涼的蔬菜上鋪上白飯，再放上明太子醬後捲起。

灑上名為回憶的調味料

懷舊便當

炒酸泡菜

醬煮小魚乾

醬煮黑豆

現在的孩子因為學校提供營養午餐，而無法體會吃便當的樂趣。
我想他們不會有因為菜汁從便當盒中流出來，
而弄得整個書包都是便當菜味的回憶，
也不曉得所謂的懷舊便當是什麼味道。

醬煮黑豆

材料

1～2人份〔30分鐘〕

主材料 黑豆1/2杯

醬汁 水飴1匙、料理酒1匙、砂糖0.5匙、香油·芝麻鹽少許

難易度 ★☆☆

How to Cook

❶ 將黑豆洗淨後，加入能淹過黑豆的水量浸泡4小時，接著水煮。

❷ 水滾後續滾2～3分鐘便能聞到黑豆子煮熟的香味，加入醬油、水飴、料理酒和砂糖，並轉成小火熬煮。

❸ 湯汁略為收乾後，灑上香油和芝麻鹽即可。

炒酸泡菜

材料

1～2人份〔20分鐘〕

主材料 酸泡菜1/8顆（200公克）、紫蘇油2匙、昆布（5×5公分）1片、水1/2杯、砂糖少許

難易度 ★☆☆

How to Cook

❶ 將酸泡菜切成適當大小。將紫蘇油倒入鍋中，放入酸泡菜以小火炒至透明，接著放入昆布和水用小火煮滾。

❷ 泡菜煮熟後，加入砂糖以平衡泡菜的酸味。

醬煮小魚乾

材料

1～2人份〔20分鐘〕

主材料 小魚乾1/2杯、大蒜2瓣、芝麻·油少許

醬汁 水2匙、醬油1匙、水飴1匙、料理酒1匙、砂糖0.5匙

難易度 ★☆☆

How to Cook

❶ 小魚乾洗淨，大蒜切片。熱油鍋，放入蒜片略炒，接著放入小魚乾炒至酥脆。

❷ 將醬汁材料混合煮滾後，放入炒過的小魚乾與蒜片略為熬煮即可。

第2章

Special Beverage

能喝到美味手沖咖啡的咖啡館，
提供親自從茶園精選名茶的咖啡館，
會為茶壺套上保溫罩的咖啡館，
果汁是使用新鮮水果打成的咖啡館……
每一間咖啡館都有特選飲品，
受到這些如同「神之雫」般令人沉醉的咖啡與茶吸引，
每天必定報到的咖啡館偶爾也會毫無預警地宣告停業，
這種時候不妨翻翻本書，
看看自己喜歡的特選飲品有沒有在裡頭吧。

Homemade
Coffee

好喝的手感咖啡

有泡沫的冰咖啡

冰濃縮咖啡 Caffè Fréddo

材料

1～2人份〔20分鐘〕

主材料 濃縮咖啡30毫升、
冰塊7～8顆、糖漿少許

糖漿 水1杯、砂糖1杯

難易度 ★☆☆

Tip

咖啡泡沫只要利用保存茶葉
的密封容器或雪克杯，便能
簡單製作出來。加入冰濃縮
咖啡裡的冰塊，必須以逆滲
透水或開水製成。

有些咖啡愛好者午餐只吃30元的飯糰，
卻願意在咖啡店掏錢買100元的咖啡。
我想都是咖啡的香氣和口感惹的禍吧。
冰濃縮咖啡有著和啤酒一樣豐厚的氣泡，
一口喝下去，柔滑的口感讓人心情真好。

❶ 製作糖漿。水和砂糖煮至
砂糖溶解後放涼。

❷ 在雪克杯中放入7～8顆
冰塊，倒入濃縮咖啡和糖
漿後搖晃均勻。

❸ 出現咖啡氣泡即可。

冷靜與熱情之間

咖啡拿鐵 Caffè Latte

熱拿鐵

這是為了喜歡喝牛奶的朋友所準備的咖啡。
因為加了大量牛奶,而被稱為拿鐵,
牛奶與咖啡的完美融合,
交織成柔滑的口感。

冰拿鐵

材料

1～2人份〔30分鐘〕

主材料 濃縮咖啡（或濃厚的黑咖啡）30毫升、牛奶200～250毫升、糖漿（或砂糖）15毫升

難易度 ★☆ ☆

Tip

若無濃縮咖啡，也可以使用濃厚的即溶咖啡，依1/4杯水加2茶匙即溶咖啡粉的比例即可。

熱拿鐵

How to Cook

1 利用濃縮咖啡機萃取濃縮咖啡。

2 牛奶加熱並打出奶泡。將濃縮咖啡倒入溫杯過的杯子後，倒入牛奶，並依喜好添加糖漿。

材料

1～2人份〔10分鐘〕

主材料 濃縮咖啡（濃厚的黑咖啡）30毫升、冰塊5～6顆、牛奶200～250毫升、糖漿（或砂糖）15毫升

難易度 ★☆ ☆

Tip

牛奶與糖漿的分量請依個人口味做調整。

冰拿鐵

How to Cook

1 在玻璃杯中放入冰塊將杯子冷卻後，倒入濃縮咖啡。

2 牛奶加熱並打出奶泡，倒入杯中，並依喜好添加糖漿。

卡布奇諾 Cappucino

材料

1～2人份〔10分鐘〕

主材料 濃縮咖啡30毫升、牛奶180毫升、肉桂粉（或可可粉）少許

難易度 ★☆☆

Tip

牛奶一旦打發過奶泡之後，就難以再打出奶泡，因此每次最好酌量取用。

在印度鄉間茶坊裡，
喝到的卡布奇諾，美味得教人難忘。
老闆雙手拿著兩只杯子，
一手舉得高高地將牛奶倒入另一個杯子裡，
牛奶往下沖的力量形成了泡沫，
熱騰騰的卡布奇諾就完成了。

❶ 牛奶加熱並打出奶泡。

❷ 在濃縮咖啡中先加入大量奶泡後再倒入牛奶。

❸ 依喜好灑上肉桂粉或可可粉。

融入柔細奶泡的咖啡

摩卡咖啡 Caffé Mocha

材料

1～2人份〔10分鐘〕

主材料 濃縮咖啡30毫升、
巧克力糖漿（或可可粉）30
毫升、牛奶200毫升、鮮奶油
少許

難易度 ★☆☆

Tip

鮮奶油必須冷藏保存才容易
打發，因此務必在使用前才
從冰箱取出。夏季時，將鮮
奶油的容器底下墊冰塊，更
能輕鬆打發。

想喝點甜甜的東西時，摩卡咖啡堪稱是最好的選擇；
但若正在減肥，請務必含淚忍住慾望，
因為巧克力糖漿、鮮奶油與牛奶可是發胖的主因呀！

1 將巧克力糖漿加入濃縮咖
啡攪拌均勻。

2 牛奶加熱並打出奶泡後，
倒入濃縮咖啡中。

3 依個人喜好在奶泡上頭加
上巧克力糖漿、可可粉或
鮮奶油。

白巧克力摩卡 White Chocolate Mocha

"I'm not a paper cup"

我們所熟知的巧克力是將可可豆加工後所得到的最終結果，
也就是可可膏（cocoa mass）。
可可膏經過高壓高熱的過程，便會分解成固體和油分，
這種油分就稱為可可脂，
在可可脂中混入砂糖就成了白巧克力。

材料

1～2人份〔30分鐘〕

主材料 濃縮咖啡30毫升、
白巧克力30毫升、牛奶200
毫升、鮮奶油少許

難易度 ★☆☆

Tip

先將白巧克力切碎再放入咖
啡裡，會融化得比較快。

1 將白巧克力放入濃縮咖啡
中融化。

2 牛奶加熱並打出奶泡後，
倒入濃縮咖啡中，然後擠
上鮮奶油。

焦糖瑪奇朵 Caramel Macchiato

材料

1～2人份〔10分鐘〕

主材料 焦糖醬（或融化的焦糖）30毫升、牛奶200毫升、濃縮咖啡30毫升

難易度 ★☆☆

Tip

焦糖醬的製作方法：將120公克的砂糖放進鍋中熬煮，當顏色轉變成褐色之後，關火並加入奶油60公克。用另一個鍋子將鮮奶油100毫升、牛奶25毫升和水飴25公克煮滾後，倒入砂糖和奶油的鍋中煮滾即可。

焦糖瑪奇朵又被稱為兒童咖啡，因為裡頭大量添加了小朋友最愛的焦糖醬，是充滿甜味的咖啡，讓人難以抗拒。現在不妨在家自己做一杯來喝吧。

1 先將焦糖醬倒入杯中，再將牛奶加熱並打出奶泡後也倒入杯中。

2 濃縮咖啡也倒入杯中。

3 依喜好淋上焦糖醬。

Special Beverage

My Favorite Tea

隨心所欲的午茶時光

用眼睛享用的慢式飲料

香草茶

材料

1～2人份〔10分鐘〕

主材料 新鮮香草（迷迭香、百里香、薄荷等）2～3株、熱水300～400毫升

難易度 ★☆☆

馨香迷人的香草茶！有益健康的香草茶！
比起過去，目前市面上的香草種類越來越多，
就連在家都能不費吹灰之力地種上一、兩種香草。
既然如此，何不在種植香草之餘，享受一杯香草茶呢？

❶ 將香草洗淨後放入茶壺。

❷ 將熱水注入茶壺，讓香草釋放出香氣即可。

❂ Flavoring Story

適合飲用的香草

迷迭香：帶有清新香氣的香草，有效治療頭痛或感冒，亦能使用於紅酒或當作入浴劑。

薰衣草：被稱為香草女王，能夠紓解疲勞、預防感冒。香氣迷人，亦被廣泛利用於香水、化妝品與香皂等產品。

洋菊：味道如同菊花茶，適合容易手腳冰冷的人，還能幫助睡眠。

薄荷：又分為胡椒薄荷（peppermint）、蘋果薄荷（apple mint）等，種類多樣。帶有清爽與清涼感為其特徵，有助於消化與消除壓力。

為懶洋洋的午後畫下休止符

肉桂紅茶

材料

1～2人份〔20分鐘〕

主材料 紅茶茶葉0.3匙、肉桂棒1根、丁香2～3顆、萊姆1片、熱水250～300毫升

難易度 ★☆☆

Tip

紅茶茶葉若浸泡過久會產生澀味,利用濾網或金屬過濾器先將茶葉過濾後再喝是最好的方法。

有人說紅茶是為了全年必須看著陰暗天空的英國人誕生的。在韓國,由於咖啡的高人氣,使得大家對紅茶稍嫌陌生,何不如女王般優雅地享受一場以紅茶為主角的下午茶呢?

⊙ Flavoring Story

肉桂棒與丁香

肉桂可以用來加入茶湯中,或用於烘焙與料理。丁香是由丁香樹的花苞曬乾而來,主要作為中國料理的香辛料,因為有助於消化,也被當成漢方藥材使用。兩者皆可於中藥行購得。

❶ 將紅茶茶葉、肉桂棒、丁香放入茶壺,注入熱水。

❷ 待紅茶茶葉釋放出味道後倒入杯中,再放入萊姆片即可。

150

馨香的印度風情

印度香料奶茶

材料

1～2人份〔10分鐘〕

主材料 紅茶茶葉0.3匙、水1/4杯、牛奶1杯、荳蔻‧生薑‧砂糖少許

難易度 ★☆☆

Flavoring Story

荳蔻是一種香辛料，剝開便會散發香味。主要用於印度料理或印度茶品。

印度人不管是在家裡還是街上，
最常飲用的就是印度香料奶茶（Chai）。
這款代表印度的奶茶傳到英國之後，
連英國人也開始仿效將紅茶製作成奶茶呢。

1 將水煮滾後加入紅茶茶葉，煮滾後轉小火。

2 待紅茶茶葉釋放出味道後，倒入牛奶，並放入荳蔻和生薑續煮。

3 當鍋緣開始出現牛奶氣泡時，蓋上鍋蓋並關火燜2分鐘。

4 將濾網架在杯上並倒入奶茶，再依喜好添加砂糖。

Special Beverage

啜飲著以乾燥花沖泡出的花茶，彷彿能感受到四季。
春天的木蓮、梅花；夏天的玫瑰、紅花；秋天的菊花；冬天的山茶花，
天天都能愉悅視覺、舒爽身心。

喝下開在山野間的花兒

花茶

材料

1～2人份〔10分鐘〕

主材料 乾燥花草（木蓮、菊花、紅花、九節草花等）1匙、熱水600～800毫升

難易度 ★☆☆

Tip

乾燥花草若浸泡過久會產生澀味，因此必須先過濾茶湯，喝完後再重新沖泡。泡過的花草還能作為入浴劑使用。

① 將乾燥花草放入茶壺，注入熱水300～400毫升後靜置30秒。

② 用濾網過濾茶湯後倒掉，再重新注入熱水300～400毫升沖泡飲用。

● Flavoring Story

適合飲用的花

玫瑰花：性質溫和，可消除疲勞、調理血氣、促進血液循環，以及調經止痛。也可改善腸胃不適。

茉莉花：有提神醒腦的功效，可鎮靜神經與紓解鬱悶。胃弱、呼吸器官疾病者亦宜多飲用。此外對於便祕、腹痛及頭痛也有幫助。

洛神花：味酸，能活血補血，養顏美容，且有助消化，增強胃功能。

菊花：口味清香，作用平緩，具有明目、清熱解毒的功效，且有助身體血脈運行，滋養肝臟。

現泡茶 ①

蘋果茶

紅棗茶

生薑茶

在韓國仁寺洞傳統茶屋可以品嘗到各種新鮮沖泡的傳統茶，
但是在家裡依樣畫葫蘆嘗試製作時，味道卻不如想像中美味？
那麼不如試試先以大量的蜂蜜與砂糖蜜漬後，再沖泡成茶飲吧。

材料

20人份〔30分鐘〕

主材料 紅棗2杯（200公克）、砂糖2/3杯、蜂蜜1/4杯

難易度 ★☆☆

TIP 利用秋收後充分曬乾的紅棗所製成的茶，密封保存可放置兩、三個月。保存時為避免泡在蜂蜜和砂糖中的紅棗接觸到空氣，必須壓緊並放入密封效果良好的密閉容器中。

趕走冬天的感冒！

紅棗茶

How to Cook

1. 利用濕棉布或餐巾紙將紅棗擦拭乾淨，尤其是皺摺中的污垢。
2. 紅棗去籽後，切絲並裝入密封容器中。
3. 將砂糖和蜂蜜攪拌均勻後，倒入裝有紅棗的密閉容器。放置1週，待紅棗、砂糖和蜂蜜充分融合之後，便可用熱水沖泡飲用。

材料

20人份〔30分鐘〕

主材料 薑200公克、砂糖2/3杯、蜂蜜1/4杯

難易度 ★☆☆

TIP 請選用大小適中、表皮不乾硬，切開時能聞到濃厚香味並有充分汁液的薑。

自家製作的暖茶

生薑茶

How to Cook

1. 薑去皮洗淨切絲後，裝入密閉容器中。
2. 將砂糖和蜂蜜攪拌均勻後，倒入裝有薑的密閉容器。放置1週，待薑、砂糖和蜂蜜充分融合之後，便可用熱水沖泡飲用。

材料

20人份〔30分鐘〕

主材料 蘋果2顆、砂糖2杯（300公克）

難易度 ★☆☆

TIP 帶有甜味、果肉清脆的品種，最適合用來製作蘋果茶。

送給白雪公主的禮物

蘋果茶

How to Cook

1. 將蘋果洗淨並擦乾水分，去籽後連皮切成薄片。
2. 將蘋果裝入密閉容器中，倒入砂糖後放置2～3天。

韓式特調

現泡茶②

柚子茶

萊姆茶

每到秋天總會收到柚子禮盒，所以就像過冬醃泡菜一樣，
韓國人將大鍋子和密閉容器集合起來，開始切柚子，製作柚子醬。
柚子含有豐富的維生素C，在冬天飲用，將有效預防感冒。

材料

20人份〔30分鐘〕

主材料 柚子10〜12顆、粗鹽少許、砂糖5杯

難易度 ★☆☆

TIP 以相同方式將盛產於晚秋的木瓜製成木瓜醬，便能一整個冬天都享用馨香的木瓜茶。

鮮黃的能量茶飲
柚子茶

How to Cook

① 利用粗鹽搓揉柚子表皮後，將柚子洗淨並擦乾水分。將果肉取出，柚子皮切絲。

② 將柚子果皮、果肉和砂糖2＋1/2杯攪拌均勻後，裝入密閉容器中，接著倒入剩餘的砂糖，放置1週後，便可用熱水或冷水沖泡飲用。

材料

20人份〔30分鐘〕

主材料 萊姆6〜7顆、粗鹽少許、砂糖5杯

難易度 ★☆☆

TIP 用萊姆代替檸檬所製成的萊姆茶，可品嘗到不同的特殊香味。

維生素食品
萊姆茶

How to Cook

① 利用粗鹽搓揉萊姆表皮後，將萊姆洗淨並擦乾水分。縱切成4等分後切成薄片。

② 將萊姆和砂糖2＋1/2杯攪拌均勻後，裝入密閉容器中，接著倒入剩餘的砂糖，放置1週後，便可用熱水或冷水沖泡飲用。

Sweet
Drink

讓人忍不住一下子
喝光光的飲料

綠色清新風味

香草水

材料

1～2人份〔10分鐘〕

主材料 迷迭香1株、開水2
杯

難易度 ★☆☆

Tip

利用各種形狀的製冰盒，便
能製作出造型獨特的冰塊。

曾有人說過買水喝的時代終將來臨，你能想像嗎？
連水都有個人喜好的現代，利用各種食材製成特別的冰塊後，
在招待客人的飲料中加上幾塊，我想一定能獲得客人的青睞。

❶ 將迷迭香的葉片摘下後，
放入製冰盒。

❷ 倒入開水後，放入冷凍庫
製成冰塊。

松葉水、仙人掌水、萊姆水

松葉水

仙人掌水

萊姆水

利用各種天然色素所製成的加味水是市面上少見，
不，應該說是只在家裡獨自享用的飲料。
散發著紅色魅力的仙人掌粉與閃耀著青綠光芒的松葉粉，
為平淡無奇的水增添了隱隱約約的味道與香氣。
另外，加味水界中的不滅巨星──萊姆水，
讓嘴裡充滿清新感受。

材料

1～2人份〔10分鐘〕

主材料 開水2杯、松葉粉1
匙

難易度 ★☆☆

TIP 秋天時，可摘下散
發著清香的松葉，完全曬乾
後，利用研磨機磨成粉即可
使用。

松葉不只能用來做松餅

松葉水

How to Cook

1 在開水中加入松葉粉攪拌均勻。

2 將松葉水倒入製冰盒，放入冷凍庫製成冰塊。

材料

1～2人份〔10分鐘〕

主材料 開水2杯、仙人掌粉1
匙

難易度 ★☆☆

TIP 在製作糕餅或麵糰時
加入仙人掌粉，可散發出美麗
的色澤，也能沖泡飲用。超市
販售的仙人掌煮過即可使用。

與仙人掌的邂逅

仙人掌水

How to Cook

1 在開水中加入仙人掌粉攪拌均勻。

2 將仙人掌水倒入製冰盒，放入冷凍庫製成冰塊。

材料

1～2人份〔10分鐘〕

主材料 萊姆1顆、粗鹽少
許、開水1杯

難易度 ★☆☆

讓我們乾杯吧！

萊姆水

How to Cook

1 萊姆用粗鹽搓揉表皮後洗淨剖半，半顆榨汁，另外半顆切成可放入製冰
盒的丁狀。

2 在開水中加入萊姆汁、萊姆丁後，倒入製冰盒，放入冷凍庫製成冰塊。

Special Beverage

冰紅茶

材料

1～2人份〔10分鐘〕

主材料 紅茶茶葉（或水果茶葉）1匙、水1/2杯、碎冰2杯、糖漿少許、萊姆1片

難易度 ★☆☆

Tip

糖漿的製作方法是將水與砂糖以1：1的比例加熱至砂糖溶解後放涼即可。過程中不需攪拌。

誕生於1904年，據說是當時在聖路易世界博覽會，
英國人將冰塊加入紅茶販售而來。
距今一百多年前的當時尚未出現冰箱，
浮著冰塊的冰紅茶，造成空前絕後的轟動。
有趣的是，冰紅茶並非發明品，因此不能申請專利呢。

❶ 將紅茶茶葉與水煮滾。

❷ 水滾後關火靜置2～3分鐘，待紅茶茶葉釋放味道後，過濾茶湯。

❸ 在杯中加入碎冰後，倒入紅茶，依喜好添加糖漿並放上萊姆片。

解渴救星

青梅蘇打

材料

1～2人份〔10分鐘〕

主材料 濃縮青梅汁1/4杯、
蘇打水1杯、糖漿2匙、冰塊
1/2杯、蘋果薄荷少許

難易度 ★☆☆

Tip

濃縮青梅汁的製作方法是將
夏季盛產的青梅與黃砂糖以
1:1的比例醃製，放置3個月
之後，將青梅撈出即可。

盛產於夏季的青梅，本身就算是一帖藥材。
拉肚子或脹氣時，只要喝下一杯濃濃的青梅汁，
很快就能讓肚子舒舒服服。
因此，可稱得上是遠行時的必備良藥。

❶ 將濃縮青梅汁、蘇打水和
糖漿攪拌均勻。

❷ 在玻璃杯中裝入冰塊並倒
入青梅蘇打水，最後以蘋
果薄荷裝飾。

○ **Similar Drink**

葡萄柚蘇打

將葡萄柚剖半榨汁，與蘇打水、糖漿攪拌均勻後，
倒入玻璃杯中並加入冰塊即可。

酸甜冰涼的三重奏

萊姆汁

材料

1～2人份〔20分鐘〕

主材料 萊姆2顆、粗鹽少
許、砂糖1/3杯、開水2杯、
冰塊1/2杯、蘋果薄荷少許

難易度 ★☆☆

Tip

蘋果薄荷是一種香草，散發
如同把蘋果與薄荷混合的香
氣。製成香草茶飲用時，有
助於恢復疲勞與改善消化不
良。若手邊沒有蘋果薄荷，
省略也無妨。

萊姆可說是用處多多的水果，
換季時的感冒藥、食欲不振時的開胃品、生食料理的殺菌劑等。
製作萊姆汁時，別使用萊姆粉，
一定要現榨才做得出原汁原味的萊姆汁。

❶ 萊姆用粗鹽搓揉表皮後
洗淨。1顆剖半切成薄
片，加入砂糖醃漬；另1
顆榨汁。

❷ 將醃漬的萊姆果肉壓碎，
加入萊姆原汁與開水。

❸ 在玻璃杯中裝入冰塊並倒
入萊姆汁後，最後以蘋果
薄荷裝飾。

● Similar Drink

檸檬汁

2顆檸檬用粗鹽搓揉表
皮後洗淨。1顆剖半後
切成薄片，加入砂糖
1/3杯醃漬；另1顆榨
汁。將醃漬的檸檬果
肉壓碎後，加入檸檬原
汁，以及開水2杯。在
玻璃杯中裝入冰塊並倒
入檸檬汁後，最後以蘋
果薄荷裝飾。

海明威的雞尾酒

薄荷摩西多

材料

1～2人份〔10分鐘〕

主材料 蘭姆酒40毫升、糖漿2匙、碎冰少許、蘇打水1杯、蘋果薄荷5片、檸檬2片

難易度 ★☆☆

Flavoring Story

蘭姆酒為糖蜜或甘蔗汁發酵而成的酒，分為白蘭姆酒和黑蘭姆酒。烘焙時，用蘭姆酒將水果乾泡開將能增添香氣；加在巧克力料理中，則能提味。

到古巴旅行時，
絕對不會錯過「薄荷摩西多」這款雞尾酒。
因為受到海明威的喜愛，
加入大量的薄荷與蘭姆酒而充滿代表性。
在陽光炙熱的夏天裡喝上一杯，可真是沁涼無比。

❶ 將糖漿、碎冰和蘭姆酒拌勻後，倒入杯中。

❷ 接著倒入蘇打水。

❸ 最後加入蘋果薄荷和檸檬片攪拌均勻。

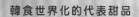

韓食世界化的代表甜品

韓國甜茶

小時候每到夏天我們會利用
各種季節盛產的水果，
再加上沁涼的雪碧汽水製成水果甜茶，
相信你一定會喜歡。

沒有餡料的簡單甜點

五味子水梨甜茶

❶ 五味子搓洗乾淨後，倒入溫開水放置一夜，接著用紗布濾出湯汁。

❷ 砂糖和水熬煮至砂糖完全溶解後放涼，接著混入五味子湯汁並放入冰箱待其冰涼。

❸ 水梨去皮並切成薄片，以模型壓出造型或切絲。在碗中盛入五味子湯汁後放上水梨。

1～2人份〔10分鐘〕

主材料 五味子1/2杯、溫開水5杯、水梨1/4顆

糖漿 砂糖1/2杯、水1/2杯

難易度 ★★☆

- -

柚子醬的特別任務

柚子甜茶

❶ 將柚子醬、蜂蜜和水倒入果汁機中打勻。

❷ 水梨去皮去籽後切絲。

❸ 將水梨絲鋪在碗中並倒入柚子醬湯汁，接著加入冰塊，放入石榴。

1～2人份〔10分鐘〕

主材料 柚子醬（或柚子茶）2匙、蜂蜜1匙、水2/3杯、水梨1/8顆、冰塊少許、石榴少許

難易度 ★★☆

冰淇淋巧克力鍋

該如何才能同時享用熱巧克力和冰淇淋？
苦惱許久之後，便產生了這道點心。
但也讓我想起過去土里土氣的自己，
第一次吃冰淇淋巧克力鍋時，
竟是一口冰淇淋、一口巧克力呢！

材料

1～2人份〔30分鐘〕

主材料 黑巧克力50公克、冰淇淋1杯、烤杏仁・石榴少許

難易度 ★★☆

Tip

杏仁片用鍋子以乾炒的方式炒成金黃色，或是用烤箱以200℃烤4～5分鐘，略微烤過之後，便能將堅果類特有的油味轉變成香氣。

1 以隔水加熱的方式或用巧克力鍋專用鍋融化黑巧克力。

2 將冰淇淋裝入小型製冰器或用冰杓製成圓形。將杏仁和石榴灑在融化的巧克力上，以冰淇淋沾食。

暖上心頭的濃濃甜蜜

熱巧克力

材料

1～2人份〔10分鐘〕

主材料 黑巧克力60公克、
牛奶500毫升、鮮奶油80毫
升、砂糖1/4杯

難易度 ★★☆

Tip

可依喜好加上發泡鮮奶油。

記得小時候曾經跟著媽媽去咖啡館。
那杯放了好多糖、好多可可粉的香濃巧克力，
好喝得叫人難忘。
真正的熱巧克力會使用大量香醇巧克力煮得濃稠，
更是記憶中無法比擬的甜美味道。

1 黑巧克力切碎。

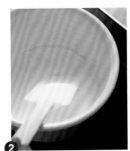

2 將牛奶、鮮奶油和砂糖以
小火滾煮的同時不斷攪
拌，以免燒焦。

3 接著分批慢慢一點一點加
入黑巧克力碎片。

4 待巧克力完全融化後即可
關火。

飲料界的黑旋風

黑醋飲

莓莓黑醋

石榴黑醋

蜜棗黑醋

無論廣告，或是周遭朋友，
都異口同聲說要喝醋飲才能變成美人。
日本更有專門販售醋飲的飲料店，
可見受歡迎的程度。

當水果遇上黑醋

藍莓黑醋、石榴黑醋、蜜棗黑醋

材料

1～2人份〔10分鐘〕

主材料 黑醋（藍莓、石榴、蜜棗、蜂蜜等）1/2杯、開水1杯、冰塊1/2杯

難易度 ★☆☆

❶ 先將喜愛的黑醋口味與開水混合均勻。

❷ 在玻璃杯中放入冰塊後，倒入黑醋水即可。

Tip

除了開水，也可以改成加入牛奶、優格或豆漿飲用。

○ Flavoring Story

黑醋

黑醋是利用生糙米長時間發酵而成的醋，因為是日本長壽村鹿兒島縣的健康祕訣而廣受矚目。黑醋具有濃厚且豐富的味道，用來製作料理更能帶出可口滋味。

蔬果汁

這是為了不愛吃蔬菜的大小朋友們所準備的飲料，
裡頭富含滿滿的膳食纖維。
相信大家一定有過在特別忙碌的日子裡，
狂灌好幾杯咖啡的經驗，
希望你也能用健康味美的天然蔬果汁來代替咖啡唷。

地瓜奶昔

小黃瓜水梨汁

甜椒汁

材料

1～2人份〔10分鐘〕

主材料 甜椒1個、糖漿2～
3匙、開水1杯、冰塊2～3塊

難易度 ★☆☆

自然鮮艷的彩色飲料

甜椒汁

How to Cook

❶ 甜椒洗淨，去蒂後切成適當大小。

❷ 將甜椒、糖漿、開水和冰塊一起用食物調理攪拌棒混合均勻。

材料

1～2人份〔10分鐘〕

主材料 小黃瓜1/4根、水
梨1/4顆、糖漿2～3匙、開水
1/2杯、冰塊2～3塊

難易度 ★☆☆

很高興見到你

小黃瓜水梨汁

How to Cook

❶ 利用粗鹽搓揉小黃瓜後，洗淨並切成薄片。水梨去皮也切成薄片。

❷ 將小黃瓜、水梨、糖漿、開水和冰塊一起用食物調理攪拌棒混合均勻。

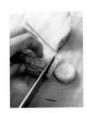

材料

1～2人份〔10分鐘〕

主材料 蒸地瓜1個、牛奶
（或豆漿）2杯、冰淇淋2
球、冰塊1/2杯、糖漿·肉桂
粉少許

難易度 ★☆☆

TIP 也可以利用栗子或南
瓜代替地瓜；若再加入少許
麵茶或五穀粉，就成了穀物
奶昔。

甜蜜蜜、甜滋滋

地瓜奶昔

How to Cook

❶ 將蒸地瓜去皮後切塊，與牛奶、冰淇淋、冰塊一起用食物調理攪拌棒混
合均勻。

❷ 依喜好添加糖漿或灑上肉桂粉。

真正不加糖的100%天然果汁

生薑葡萄汁

材料

1～2人份〔30分鐘〕

主材料 葡萄2串、薑片少許
難易度 ★☆☆

Tip

葡萄汁可以冷藏保存，或是真空包裝後放入冷凍庫。也可以裝進以熱水消毒過的玻璃容器中，待日後製作鬆餅時，在麵糰中加入一點，便能做出散發淡淡葡萄香氣的鬆餅。

各家果汁廣告總說他們的產品最新鮮香濃。
我想他們應該沒喝過天然果汁，不然怎麼會如此勇敢地宣言。
想起這道食譜的時候，若正巧發現冰箱裡的葡萄，
那可真是件開心的事情。
因為葡萄的甜味終於可以停止流失了。

❶ 葡萄洗淨後一顆顆剝下。

❷ 將帶有水珠的葡萄放入鍋中蓋上鍋蓋以中火熬煮。

❸ 熬煮至部分葡萄粒迸開後，以木匙攪拌。

❹ 當葡萄汁些微湧現後，用木匙將葡萄壓碎並加入薑片略煮，接著撈出薑片，用濾網過濾葡萄汁即可。

鮮甜莓果滋味

覆盆子豆腐冰沙

材料

1～2人份〔10分鐘〕

主材料 豆腐（生食豆腐或嫩豆腐）50公克、覆盆子1/2杯、牛奶1杯、砂糖2匙、冰塊1杯

難易度 ★☆☆

Flavoring Story

覆盆子是在夏季短暫出現的野莓。現在可在超市購得冷凍的覆盆子，在非產季時就用它來製作。

某年夏天我在登山途中發現一大片的覆盆子，正當我賣力採集時，卻聽見有人説那是他家種的果樹，不得已只好將懷中的果子全數歸還給主人。覆盆子的甜度雖然不比草莓，但嚼食的口感與在口中緩緩擴散的甜味充滿了魅力。

① 將豆腐切塊。

② 將豆腐、覆盆子、牛奶、砂糖和冰塊放入果汁機攪拌均勻後倒進杯中即可。

⊙ Flavoring Story

覆盆子酒

採收於初夏的覆盆子相當適合用來釀酒。將100公克黃砂糖均勻灑在1公斤的覆盆子上，在室溫下放置1天。接著倒入2公升的燒酒，並放置2個月使其發酵後，以濾網過濾，裝至玻璃容器中即可。可依喜好增減砂糖或燒酒的用量。在特別需要進補的夏天，不妨用鰻魚料理來搭配自家釀造的覆盆子酒食用，鰻魚和覆盆子可是絕配喔！

藍莓優格

我曾用一級原乳製作過優格。
然而近來市面上充斥各種品牌的優格,雖然都自稱是健康優格,
但味道卻和用一級原乳所製作的新鮮優格差了十萬八千里,讓人驚訝。
現在就讓我們來製作貨真價實的優格吧!

❶ 牛奶倒入鍋中略煮或以微波爐稍微加熱。

❷ 加熱後的牛奶中加入原味優格。

材料

10人份〔20分鐘〕

主材料 牛奶5杯（1公升）、原味優格1/2杯、藍莓醬1/2杯

Tip

以等量的藍莓與砂糖小火熬煮，即可製成藍莓醬。因為大量使用砂糖，所以熬煮時務必不斷攪拌，以免燒焦。

❸ 將拌入原味優格的牛奶放入優格發酵器並蓋上保鮮膜，以40℃發酵3～4小時製成優格。

❹ 在發酵完成的優格中加入藍莓醬攪拌均勻即可。

○ **Kitchenware Story**

烤箱發酵器

只要是能將溫度保持在40℃的調理器具，便能用來製作優格。過去為了親手製作對身體有益的優格，優格發酵器曾熱賣一時；近來具備優格發酵功能的烤箱或微波爐猶如雨後春筍般出現，讓消費者有更多元化的選擇。

柚子優格

材料

1～2人份〔10分鐘〕

主材料 牛奶5杯（1公升）、原味優格1/2杯、柚子醬1/2杯

難易度 ★☆☆

聽說韓國出產的柚子醬在歐洲造成了廣大迴響。
完美融合了甜蜜滋味和特有的柚子香，
難怪如此受歡迎。
日本雖然也用柚子製作料理，卻和韓國不同，
韓國是以糖或蜂蜜蜜漬製成柚子醬，沖泡飲用最佳。

Tip

活用各種果醬便能製作出各種口味的優格。拌入優格中的水果必須先製成果醬後才能輕鬆保存，更能依喜好調整甜度。像草莓、葡萄等略帶酸味的水果最適合製作成果醬了。

❶ 牛奶倒入鍋中略煮或以微波爐稍微加熱。

❷ 加熱後的牛奶中加入原味優格。

❸ 將拌入原味優格的牛奶放入優格發酵器並蓋上保鮮膜，以40℃發酵3～4小時製成優格。

❹ 在發酵完成的優格中加入柚子醬攪拌均勻即可。

異國的水果好滋味

印度酸奶

材料

鳳梨印度酸奶

1～2人份〔10分鐘〕

主材料 鳳梨（罐裝）2塊、
原味優格1杯、冰塊1/2杯、
砂糖2匙

難易度 ★☆☆

水蜜桃印度酸奶

1～2人份〔10分鐘〕

主材料 水蜜桃1顆（或罐裝
2塊）、原味優格1杯、冰塊
1/2杯、砂糖2匙

難易度 ★☆☆

印度人將牛視為神聖的存在，
雖然不吃牛肉，卻利用牛奶製作各種料理。
優格在他們的主食中更是不可或缺。
添加各種印度水果與大量砂糖，
散發著香甜滋味的飲料就是「印度酸奶」。

1 製作鳳梨印度酸奶。將鳳梨切塊。

2 將原味優格、鳳梨、冰塊和砂糖以食物調理攪拌棒攪拌均勻。

1 製作水蜜桃印度酸奶。將水蜜桃去皮切塊。

2 將原味優格、水蜜桃、冰塊和砂糖以食物調理攪拌棒攪拌均勻。

桑格利亞酒

整瓶的紅酒最適合兩個人一起享用，
但若只剩下半瓶，怎麼處理都不對，真是尷尬極了。
老是放著也不會自動變成紅酒醋，
所以我開始思考如何才能美味地喝完剩下的紅酒。

材料

4～5人份〔20分鐘〕

主材料 柳橙1/2顆、蘋果
1/2顆、草莓5顆、紅酒2杯、
小紅莓汁2杯

難易度 ★☆☆

Flavoring Story

桑格利亞酒（Sangria）是
在紅酒中加入水果切片、糖
漿、蘇打水和烈酒所調製而
成的雞尾酒，冰冰涼涼地飲
用最好喝。據說在盛產葡萄
的西班牙，為了消耗劣等葡
萄酒，因而發明了桑格利亞
酒，更可說是西班牙人國飲
喔。

1 柳橙和蘋果洗淨後，去皮並切成薄片。

2 草莓洗淨後，去蒂並切成薄片。

3 紅酒和小紅莓汁攪拌均勻。

4 最後加入柳橙片、蘋果片與草莓片即可。

肉桂溫紅酒

材料

1～2人份〔20分鐘〕

主材料 柳橙1/2顆、紅酒2杯、肉桂棒1根、砂糖1/4杯、水1/2杯

難易度 ★☆☆

Tip

使用蔬果專用清潔劑或粗鹽搓揉柳橙洗淨，接著浸泡冷水10分鐘後使用。

在冬天煮一杯肉桂溫紅酒，
不僅能溫暖凍著的身心，
更能讓家裡充滿肉桂香氣，可說是一石二鳥。
朋友都是相同反應：
怕別人不知道妳愛喝酒嗎？竟拿剩下的紅酒當藉口……

● **Wine Story**

法國悖論（French Paradox）

此詞源自根據一般研究顯示多吃飽合脂肪的食品會導致心血管疾病，但是法國人就算食用含有大量脂肪的飲食，罹患心血管疾病的比例卻極低。科學家研究證實，紅酒所含有的「多酚」物質能有效預防血栓與癌症，因此紅酒可說是能讓人類幸福快樂的健康食物。

① 柳橙連皮切成薄片。

② 在紅酒中加入柳橙片、肉桂棒、砂糖和水，以小火煮10分鐘左右即可。

拿鐵的新朋友

栗子拿鐵

材料

1～2人份〔10分鐘〕

主材料 栗子5～6顆、牛奶
200～250毫升、煉乳（或蜂
蜜）1匙

難易度 ★☆☆

Tip

若沒有蒸氣機可以打發奶
泡，也可以把栗子和煉乳放
入加熱過的牛奶中，用食物
調理攪拌棒攪拌均勻。

提到冬天的栗子料理，最先浮現的就是烤栗子！
但現在應該可以改口說「栗子拿鐵」。
栗子拿鐵能產生飽足感，可以作為代餐飲用。
另外還可以利用南瓜、地瓜等食材製作各種拿鐵。

❶ 將栗子煮熟後，剝除外殼
與內膜。

❷ 栗子加入煉乳，壓碎後放
入鍋中。

❸ 倒入一半的牛奶加熱後倒
入杯中。

❹ 將剩下的牛奶打成奶泡
後，再倒入杯中。

抹茶拿鐵

材料

1～2人份〔30分鐘〕

主材料 牛奶200～250毫升、抹茶粉1匙、蜂蜜（或煉乳）1匙

難易度 ★★☆

Tip

將綠茶茶葉曬乾後研磨而成的綠茶粉本身顏色暗沉，因此必須使用日本抹茶粉，才能展現鮮嫩的青綠光澤。

這是在咖啡館也能看到的飲品。
不喜歡咖啡或者想以更特別的方式來品嘗拿鐵的人，
千萬不能錯過抹茶拿鐵。

● Styling Tip

美味技巧

抹茶拿鐵得裝在白色杯子裡，才能映襯出顏色的美麗。就像利用奶泡在咖啡上畫出愛心或樹葉圖案一樣，抹茶拿鐵也可以利用圖案可愛的壓花器灑上抹茶粉，最後小心移開壓花器，便能看到可愛圖案。

❶ 將一半的牛奶加熱後，加入抹茶粉和蜂蜜拌勻。

❷ 剩下的牛奶打成奶泡後，再倒入杯中。

金黃色的特級牛奶

南瓜牛奶

材料

1～2人份〔10分鐘〕

主材料 蒸熟的南瓜1/2杯、
牛奶200毫升、砂糖1匙、肉
桂粉．南瓜籽少許

難易度 ★☆☆

Tip

如果想喝熱的南瓜牛奶，就
先用果汁機攪拌均勻後加
熱；想喝冰的，只要先將南
瓜蒸熟後冰鎮就可以了。

將蒸熟的南瓜切塊冷凍，
想做南瓜牛奶時，
取出與牛奶一同放入果汁機攪拌均勻即可。
與市售的水果香料牛奶不同，
這可是貨真價實、充滿南瓜味道的特級享受。

① 南瓜、牛奶和砂糖放入果
汁機攪拌均勻後，倒入鍋
中加熱。

② 將南瓜牛奶倒入杯中，再
灑上肉桂粉和南瓜籽。

◎ Special Tip

變換口味吧！

討厭牛奶卻又必須攝取鈣質，或者為了讓正在成長
階段的孩子喝下牛奶，不妨來試試製作南瓜牛奶，
除了南瓜之外，還可以利用草莓、香蕉或覆盆子等
新鮮水果，就能讓孩子輕鬆喝下了。

柔嫩淡爽的牛奶

嫩豆腐牛奶

在製作豆漿湯麵時，
因為沒時間泡豆子、煮豆子和磨豆子，
而將極為速配的豆腐與牛奶攪拌均勻後代替豆漿，
可放入麵條一起食用，
也可作為飲品享用。

Tip

若使用口感柔嫩的嫩豆腐或
生食豆腐來製作，更能凸顯
出柔滑的味道。

1 將嫩豆腐切塊，在攪拌的
過程中分次加入牛奶，讓
成品變得濃稠。

2 以鹽巴調味後加入鮮奶
油，接著倒入玻璃杯中。

來自大地的優良蛋白質

蜂蜜黑豆漿

材料

4～5人份〔10分鐘〕

主材料 黑豆1/2杯、水4
杯、蜂蜜3～4匙、鹽少許

難易度 ★★☆

Tip

豆子若煮得過久，會產生特
殊的腥味，因此只要略煮即
可。也可以利用黃豆來代替
黑豆，製成一般的豆漿。

最近越來越多人改吃素食，
卻找不到值得推薦給素食主義者的餐點。
因此，不妨在親手製作的豆漿中混入蜂蜜，
製成這款能兼顧健康與美味的飲品。

① 黑豆洗淨，倒入水2杯浸
泡3～4小時。

② 將黑豆與浸泡水一同倒入
鍋中，煮3～4分鐘至散
發出豆香後關火放涼。

③ 將煮熟的黑豆加入水2
杯，以食物調理攪拌棒攪
拌均勻。

④ 依喜好添加蜂蜜和鹽。

Special Beverage

青梅牛奶

1～2人份〔30分鐘〕

主材料 牛奶1杯、青梅醬
（或青梅汁）1/4杯

難易度 ★☆☆

Tip

若有無法消化牛奶的乳糖不
耐症，或是患有異位性皮膚
炎，可以用等量的豆漿來代
替牛奶。

乳酪的製作原理是在牛奶中加入酸性物質，
使牛奶凝固。
在牛奶中加入青梅醬後，
青梅裡的酸性物質會讓牛奶凝結成塊，
就成了口感獨特的青梅牛奶。

① 牛奶和青梅醬攪拌均勻。

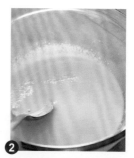

② 當牛奶變得像優格般濃稠
即可。

紅豆媽媽的祕密食譜

紅豆豆漿

1~2人份〔10分鐘〕

主材料 豆漿1杯、蜜紅豆2匙、薑1塊、肉桂粉少許

難易度 ★☆☆

Tip

蜜紅豆的製作方法為：將紅豆放入鍋中，加水煮滾後將水倒掉，再加水以小火續煮30分鐘。紅豆煮熟後加入砂糖，繼續以小火熬煮至濃稠即可。如果沒有時間煮蜜紅豆，也可以利用市售產品。

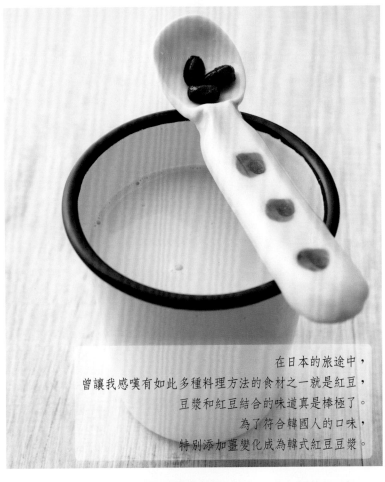

在日本的旅途中，曾讓我感嘆有如此多種料理方法的食材之一就是紅豆，豆漿和紅豆結合的味道真是棒極了。為了符合韓國人的口味，特別添加薑變化成為韓式紅豆豆漿。

❶ 豆漿、蜜紅豆和薑片一起煮滾。

❷ 當薑的香味飄出，即可撈出薑片。

❸ 將豆漿裝入杯中，再灑上肉桂粉。

第3章

I ♥ Sweet

腦子裡亂哄哄的時候，莫名其妙憂鬱的時候，閒得發慌的時候，
總讓人想起咖啡館與裡頭令人垂涎三尺的甜點。
而這也成為只要一有時間，便開始尋找特色咖啡館的最佳理由。
香甜的、甘甜的、甜蜜的、甜美的、甜膩的、苦甜的……
讓我們一同進入咖啡館甜點的美味饗宴吧！

抹茶冰淇淋可麗餅

提到可麗餅，腦海便會浮現東京的原宿。

雖然可麗餅並非日本飲食，

但去原宿沒吃到可麗餅就不能說是真正到過原宿。

不過，原宿街頭販售的可麗餅大多過於甜膩，

一份便讓人大呼吃不消，因此我才想要設計出清爽的可麗餅。

4～5人份〔20分鐘〕　難易度 ★★☆

主材料　鮮奶油1/4杯、香蕉1根、抹茶冰淇淋4球
可麗餅麵糊　低筋麵粉50公克、雞蛋1顆、砂糖25公克、奶油10公克、牛奶180
毫升、鹽1公克、油適量

❶ 低筋麵粉50公克過篩。

❷ 雞蛋打散,接著加入砂糖拌勻。
奶油以隔水加熱的方式融化,或
用微波爐加熱10秒鐘融化。

❸ 將混合砂糖的蛋汁倒入低筋麵粉
中,加入融化的奶油和鹽,攪拌
時分次加入牛奶,小心別讓麵粉
結塊。

❹ 在平底鍋放入1滴油,以餐巾紙
抹勻後,倒入1湯匙的可麗餅麵
糊,將麵糊平鋪成圓形薄餅。當
表面煎熟,吹口氣,若可麗餅被
吹起,即可翻面續煎片刻。

❺ 將鮮奶油打發,依個人喜好添加
砂糖。

❻ 將鮮奶油塗在可麗餅上,加上切
成薄片的香蕉和抹茶冰淇淋後捲
起即可。

Tip　在步驟❸的過程中,若出現麵粉結塊的現象,只需要再次過篩便能解
決。在鮮奶油中加入抹茶粉即可製成抹茶鮮奶油。

I ♥ Sweet

巧克力脆餅

材料

10人份〔50分鐘〕

主材料 低筋麵粉140公克、可可粉20公克、泡打粉1/2小匙、香草粉（或香草精）少許、雞蛋1顆、砂糖80公克、橄欖油2大匙、杏仁粉30公克、杏仁片20公克、粒狀巧克力50公克、椰子片20公克、鹽1公克

難易度 ★★☆

Flavoring Story

香草的香味能去除雞蛋的腥味。若是使用香草粉，可與麵粉混合後一起過篩；若是使用香草精，則直接加入蛋汁中即可。

義大利脆餅（Biscotti）是源自義大利托斯卡尼地區的傳統餅乾。
名稱有烘烤兩次的意思。
甜美的蛋糕和咖啡雖然是個好組合，
但偶爾換換口味，用義大利脆餅來搭配美式咖啡也是相當迷人。

1 低筋麵粉、可可粉、泡打粉、香草粉全部混合後過篩2次。

2 雞蛋、砂糖、橄欖油和杏仁粉以打蛋器攪拌均勻後，加入過篩的混合麵粉、杏仁片、巧克力、椰子片和鹽，用木匙以切割的方式輕輕攪拌。

3 攪拌至看不見白色粉末後，將麵糰整成厚度2～2.5公分的四方形，放在烤盤上。

4 放入預熱至180℃的烤箱中烤25分鐘，待完全冷卻後切片（約1公分厚），接著再放入預熱至160℃的烤箱中烤10分鐘。

做得辛苦，吃得開心

堅果脆餅

材料

10人份〔50分鐘〕

主材料 低筋麵粉150公克、泡打粉1/2小匙、香草粉（或香草精）少許、雞蛋1顆、砂糖80公克、橄欖油2大匙、杏仁粉30公克、杏仁片20公克、南瓜籽20公克、碎核桃30公克、松子20公克、鹽1公克

難易度 ★★☆

Tip

將烤過一次的整塊脆餅切成1公分的厚度並冷卻後，必須再用烤箱烤第二次才不容易碎掉。

想要品嘗多樣化的酥脆義大利脆餅，其中一個方法就是變換添加的餡料，放入大量堅果便能有不同的好滋味。

❶ 低筋麵粉、泡打粉、香草粉全部混合後過篩2次。

❷ 雞蛋、砂糖、橄欖油和杏仁粉以打蛋器攪拌均勻後，加入過篩的混合麵粉、杏仁片、南瓜籽、碎核桃、松子和鹽，用木匙以切割的方式輕輕攪拌。

❸ 攪拌至看不見白色粉末後，將麵糰整成厚度2～2.5公分的四方形，放在烤盤上。

❹ 放入預熱至180℃的烤箱中烤25分鐘，待完全冷卻後切片（約1公分厚），接著再放入預熱至160℃的烤箱中烤10分鐘。

巧克力豆與核桃的精采對決

核桃司康

材料

5～6人份〔50分鐘〕

主材料 低筋麵粉250公克、泡打粉2小匙、黑砂糖6大匙、鹽2公克、奶油70公克、粗粒核桃50公克、巧克力豆3大匙、雞蛋1/2顆、牛奶1/4杯

難易度 ★★☆

Tip

司康靜置時若不蓋上保鮮膜，將因水分蒸發而使表面乾掉，便喪失濕潤口感。

第一次吃到代表英國的司康烤得薄薄硬硬像是餅乾，
抹上奶油與果醬後，味道特別極了，
果然是下午茶套餐中不可或缺的存在。
隨著牛奶或奶油的用量增減，可做出各種口感，
還能添加小紅莓、藍莓等食材創造出不同口味。

❶ 低筋麵粉和泡打粉混合過篩後，加入黑砂糖和鹽輕輕攪拌。

❷ 接著加入奶油後以手拌勻，接著拌入核桃和巧克力豆。

❸ 加入雞蛋和牛奶拌勻後，蓋上保鮮膜靜置30分鐘。然後將麵糰整成方形，再用擀麵棍擀至3公分厚度並切成相同大小。

❹ 將切塊的麵糰放在烤盤上，以預熱至200℃的烤箱烤15分鐘即可。

當原味司康先生遇上奶油起司小姐

奶油起司司康

材料

5～6人份〔50分鐘〕

主材料 低筋麵粉200公克、泡打粉2小匙、砂糖45公克、鹽2公克、奶油50公克、奶油起司80公克、雞蛋1/2顆、牛奶1/4杯、麵粉少許

蛋汁 蛋黃1顆、牛奶1大匙、鹽少許

難易度 ★★☆

Tip

麵糰時若灑了麵粉，就必須用推敲的方式來擀壓，以避免產生麩質。

某間咖啡館賣有各種口味的司康，
熱呼呼的司康總是比咖啡還要吸引人。
每次去買咖啡總是不自覺地點了搭配著奶油起司司康的套餐。
那家店的營業額應該有一部分是拜司康所賜吧。

❶ 低筋麵粉和泡打粉混合過篩後，加入砂糖和鹽混合，接著加入奶油並以手拌勻。當奶油變得細碎，加入奶油起司拌勻。

❷ 雞蛋和牛奶攪拌均勻後加入麵糰裡，整成塊狀後靜置30分鐘。

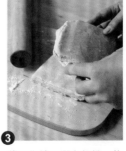

❸ 將工作檯面灑上麵粉，放上麵糰，再次灑上麵粉，並把麵糰整成正方形。將麵糰切半並疊起，以輕敲的方式整成原來大小後，再切半並疊起。反覆此動作3～4次。

❹ 將麵糰擀至2公分厚度，以模型壓製或切成適當大小後刷上蛋汁，以預熱至200℃的烤箱烤15分鐘。

I ♥ Sweet

瑪德蓮

在《追憶似水年華》一書中，
主角正是為了點心瑪德蓮而陷入過往的回憶之中。
就算是苦澀的回憶，
我相信瑪德蓮的美味一定能為享用者減輕痛苦。

材料

5～6人份〔30分鐘〕

主材料 低筋麵粉100公克、泡打粉1小匙、香草粉（或香草精）少許、雞蛋2顆、砂糖90公克、水飴1小匙、奶油100公克、奶油·麵粉少許

難易度 ★★☆

Tip

奶油以隔水加熱或用微波爐加熱融化後使用。奶油完全變涼之後將再次凝結成塊，因此必須盡快使用完畢。

1 將低筋麵粉、泡打粉和香草粉混合後過篩。

2 雞蛋打散後，加入砂糖和水飴攪拌至溶解。

3 在蛋汁中加入步驟 **1** 的混合麵粉後拌勻，接著加入融化的奶油繼續攪拌。

4 將奶油與麵粉塗在瑪德蓮蛋糕模上，接著以湯匙將麵糊舀進模裡至7分滿，再以預熱至180℃的烤箱烤20分鐘。

如沐春風的瑪德蓮

起司瑪德蓮

5～6人份〔30分鐘〕

主材料 低筋麵粉90公克、黃色起司粉10公克、泡打粉1小匙、香草粉（或香草精）少許、雞蛋2顆、砂糖90公克、水飴1小匙、奶油90公克、奶油‧麵粉少許

難易度 ★★☆

Flavoring
Story

天然粉類可用來取代部分麵粉，並與其他粉類混合使用，基本上是以天然粉類取代10%的麵粉量。

若以密封容器保存瑪德蓮，
就算過了兩、三天還是一樣濕潤美味。
為了創造出各種味道，
我試著在低筋麵粉中添加起司粉，
沒想到竟然完成了色香味俱全、別具風格的新口味。

1 低筋麵粉、起司粉、泡打粉和香草粉混合後過篩。

2 雞蛋打散後，加入砂糖和水飴攪拌至溶解。

3 在蛋汁中加入混合麵粉攪拌均勻，接著加入融化的奶油繼續攪拌。

4 將少許奶油與麵粉塗在瑪德蓮蛋糕模上，接著以湯匙將麵糊舀進模裡至7分滿。再以預熱至180℃的烤箱烤20分鐘。

I ♥ Sweet

杏仁瓦片

Tuile在法文中代表瓦片的意思。
放入大量杏仁的薄薄瓦片，
其最大特徵就是帶有堅果馨香與酥脆口感。
製作完餅乾之後若剩下太多蛋白，
用來製作杏仁瓦片絕對是
不浪費的好選擇。

材料

5～6人份〔20分鐘〕　難易度 ★★☆

主材料　奶油90公克、杏仁片50公克、蛋白60公克、砂糖60公克、低筋麵粉25公克、奶油・麵粉少許

1 奶油以隔水加熱的方式融化，或用微波爐加熱10秒鐘融化。

2 將杏仁片鋪在烤盤上，再放入預熱至200℃的烤箱烤成褐色，約需5分鐘。

3 蛋白和砂糖用木匙刮拌的方式攪拌至砂糖溶解。

4 在蛋汁中加入低筋麵粉攪拌均勻，加入杏仁片與融化的奶油繼續攪拌。

5 烤盤略塗上奶油後灑上麵粉，拍除多餘的麵粉後，用湯匙將麵糊舀至烤盤上，整成直徑10公分的薄片。

6 用預熱至180℃的烤箱烤6分鐘後，將餅乾趁熱放在擀麵棍上，使其順著擀麵棍的模樣彎曲，然後待其冷卻即可。

Tip

在步驟**3**的過程中，刮拌至雞蛋的蛋筋消失即可，必須注意別讓麵糊產生泡沫。將低筋麵粉加入蛋汁時，若一次全部加入，容易產生結塊，因此必須一點一點分次加入攪拌。另外，杏仁瓦片越薄，越能展現出酥脆口感。

巧克力餅乾

材料

7～8人份〔30分鐘〕

主材料 低筋麵粉120公克、泡打粉1/2小匙、小蘇打粉1/2匙、奶油120公克、黃砂糖160公克、雞蛋1顆、巧克力豆150公克

難易度 ★★☆

Tip

烤餅乾時，必須先將奶油放置在室溫下變軟後使用，能以手按壓出痕跡的柔軟度最為合適。

這是用手分塊後烘烤而成的鄉村風味餅乾（Drop Cookie）。就像麵疙瘩一樣，製作方式將左右成品的味道，因此將麵糰放進烤盤時，請多加用心。

1

低筋麵粉、泡打粉和小蘇打粉混合後過篩。

2

變軟的奶油和黃砂糖攪拌至糖溶解後，將雞蛋分次加入並混合均勻。

3

在蛋汁中加入過篩的混合麵粉，以刀切的方式攪拌，最後加入巧克力豆攪拌均勻。

4

將麵糰分成適當大小放在烤盤上，以預熱至180℃的烤箱烤18分鐘。

沉靜的好滋味

小紅莓餅乾

材料

7～8人份〔40分鐘〕

主材料 小紅莓乾45公克、奶油100公克、砂糖75公克、牛奶12公克、低筋麵粉185公克

難易度 ★★☆

Tip

因為奶油是以容易吸收味道的牛奶脂肪製成，使得放入冷凍庫保存的餅乾麵糰必須妥善密封，以免沾染其他雜味。冷凍餅乾麵糰從冷凍庫取出後，不需要完全解凍，只要解凍至能切的程度，直接切片並烤熟就可以了。

日本京都至今仍保有完整的茶道文化，
搭配茶一同享用的甜點延續了數百年的命脈，
因此處處可見造型漂亮又美味的和菓子與甜餅乾。
想喝茶時，不妨就用冷凍保存的餅乾麵糰烤盤香氣四溢的餅乾吧。

❶ 將小紅莓乾切碎。

❷ 奶油打軟後，加入砂糖攪拌均勻，接著倒入牛奶拌勻，再加入小紅莓乾。

❸ 加入已過篩的低筋麵粉，以刀切方式攪拌後靜置。

❹ 將麵糰整成方形長條，冷凍放置2～3小時。取出後切片（約1公分厚），以預熱至170℃的烤箱烤25分鐘即可。

比起芝麻大小般的鑽石，我更愛你！

芝麻餅乾

材料

10人份〔40分鐘〕

主材料　奶油60公克、橄欖油50公克、砂糖120公克、鹽1公克、雞蛋1顆、檸檬汁1小匙、低筋麵粉200公克、泡打粉1小匙、黑芝麻20公克、白芝麻20公克

難易度　★★☆

Tip

烤好的餅乾必須放在鐵網上，待完全變涼後再加以保存，才能保持酥脆口感。

韓國每到全家團聚的佳節，
總會將黑、白芝麻、花生等材料與高果糖混合，
製作成江米條後，你一口、我一口地分食享用。
芝麻餅乾擁有誘人的香氣，深受大人、小孩的喜愛。
不僅如此，和濃郁的美式咖啡更是出乎意料地絕配。

❶ 奶油和橄欖油攪拌至柔軟，加入砂糖和鹽拌勻。

❷ 將雞蛋分2～3次加入步驟❶的奶油糊中，攪拌均勻後加入檸檬汁。

❸ 低筋麵粉和泡打粉混合過篩後，加入奶油糊中攪拌，接著加入黑、白芝麻拌勻。完成後放入塑膠袋，冷藏30分鐘。

❹ 將麵糰分成適當大小，搓成直徑3公分的圓球，再以預熱至180℃的烤箱烤20分鐘即可。

拯救香蕉大作戰

香蕉瑪芬

材料

5～6人份〔40分鐘〕

主材料 低筋麵粉240公克、泡打粉2小匙、香蕉2根、奶油100公克、砂糖100公克、雞蛋2顆、牛奶40公克、鮮奶油40公克、巧克力豆3大匙

難易度 ★★☆

Tip

雞蛋和奶油就好比水和油，一次大量加入的話將不易攪拌均勻，因此必須一點一點分次加入。雞蛋和奶油若不攪拌均勻，奶油將在烘烤的時候溢出，而使得瑪芬的口感變得乾硬。

以少量砂糖與奶油製成的瑪芬為英國的早餐麵食代表，但飄洋過海到了美國卻變得華麗多樣。
就讓我們利用因美國影集而成為烘焙界巨星的杯型瑪芬來製作魅力滿分、小巧可愛的下午茶點心吧！

1 低筋麵粉和泡打粉混合過篩，香蕉去皮壓碎。

2 用打蛋器將奶油打軟後，分2～3次加入砂糖拌勻，接著將雞蛋打散，亦分成2～3次加入。

3 將混合麵粉分多次加入蛋汁中，以刀切的方式攪拌均勻，接著加入牛奶和鮮奶油攪拌。在麵粉完全拌勻前加入香蕉與巧克力豆，並略微攪拌。

4 以湯匙將麵糊舀進瑪芬蛋糕模中至8分滿，以預熱至200℃的烤箱烤20分鐘。

I ♥ Sweet

迷你核桃派

核桃派融合了甜美滋味與核桃香味，永遠都是熱賣商品。
不過常常在切片時碎得亂七八糟，
因而讓我想要製作方便食用、小巧可愛的核桃派。
裝在蒸籠裡上桌，看到客人在打開蓋子時的驚訝表情，
這意想不到的驚喜竟帶來多重感動。

材料

5～6人份〔1小時〕　難易度 ★★☆

派皮 低筋麵粉160公克、奶油60公克、奶油起司20公克、雞蛋1顆、核桃1/2杯

內餡 黑糖2大匙、水飴1/4杯、奶油1小匙、香草·肉桂粉少許、雞蛋1顆

① 製作派皮麵糰。低筋麵粉過篩後加入奶油和奶油起司，以手搓成丁狀。加入雞蛋並整成一整塊之後，放入塑膠袋，冷藏1小時以上。

② 將內餡材料的黑糖、水飴、奶油、香草·肉桂粉攪拌均勻，以隔水加熱的方式煮滾後放涼。

③ 雞蛋打散，將步驟**②**的餡料分次加入。

④ 核桃以烤箱稍微烤過。

⑤ 利用擀麵棍將派皮擀成派模大小後放入派模中，以手指按壓邊緣好讓派皮緊貼派模，接著用叉子在派皮上戳洞。

⑥ 將核桃放至生派皮上，倒入內餡至8分滿，以預熱至170℃的烤箱烤20分鐘即可。

Tip

雞蛋的凝固溫度為65～75℃，因此若在黑糖水滾燙的狀態下加入雞蛋，做出來的核桃派中間就會像蒸蛋一樣堅硬而不好吃。用叉子在派皮上戳洞是為了避免派皮在烘烤過程中起泡，而生派皮若先以170℃預烤20分鐘，接著再加入內餡烘烤的話會更加美味。

造型餅乾

材料

10人份〔40小時〕

主材料 低筋麵粉300公克、泡打粉1公克、奶油140公克、糖粉120公克、雞蛋1顆

難易度 ★★☆

Flavoring Story

蛋白糖霜是將糖粉200g過篩後加入蛋白60～70克攪拌而成，攪拌時間越長，顏色越白。可加入分子細小的天然粉末或食用色素來做出想要的顏色。蛋白糖霜最好現做現用，但若有剩餘，可裝入容器後以濕毛巾包起，再裝入塑膠袋中密封冷藏保存。

在餅乾裡裝了小紙條的幸運餅乾雖讓人感動，
但利用糖霜寫上文字的造型餅乾更能傳遞情感。
裝飾在蛋糕上的造型餅乾，就像是用來裝飾年糕的各種材料，
在雨神降臨的日子裡，何不來點特別餐點呢？

1 低筋麵粉和泡打粉混合過篩。變軟的奶油加入糖粉，以打蛋器拌勻。

2 雞蛋打散後，倒入拌勻的奶油和糖粉裡攪拌，接著加入過篩的混合麵粉拌勻後，整成一塊。

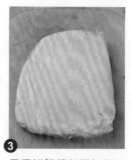

3 用保鮮膜將麵糰包起並冷藏1天。冷藏後以擀麵棍擀至0.3～0.5公分的厚度，接著以各種餅乾模壓出造型。

4 以預熱至180℃的烤箱烤15～18分鐘後放涼，再利用蛋白糖霜裝飾。

東方的杯子蛋糕

南瓜瑪芬

材料

5～6人份〔40分鐘〕

主材料 奶油100公克、砂糖70公克、雞蛋1顆、南瓜（蒸熟後壓碎）150公克、牛奶50公克、低筋麵粉120公克、泡打粉2小匙、乾葡萄30公克、蘭姆酒（或糖水）適量、南瓜籽少許

難易度 ★★☆

Tip

葡萄乾若未用蘭姆酒事先浸泡，在烘烤過程中將吸收瑪芬內的水分，而使瑪芬變得乾硬。若無蘭姆酒，也可以在水中加入少許砂糖製成糖水後浸泡。

市面上有越來越多模樣討人歡心的杯子蛋糕，
但往往一口咬下才發現，
除了糖霜裝飾之外，味道幾乎大同小異，
因此內餡與外形完全不同的杯子蛋糕，味道更能讓人感動。

1 將變軟的奶油用打蛋器打軟後，將砂糖分2～3次加入拌勻。

2 雞蛋事先打散後，分成2～3次加入奶油中，均勻攪拌成淺乳白色的光滑糊狀。

3 接著加入南瓜和牛奶，攪拌至柔順後，加入已過篩的低筋麵粉和泡打粉，並以刀切的方式攪拌均勻。

4 葡萄乾以蘭姆酒泡軟後，加入麵糊裡拌勻。最後將麵糊倒入瑪芬蛋糕模中，放上南瓜籽作裝飾，再以預熱至180℃的烤箱烤20分鐘即可。

I ♥ Sweet

超級濕潤的口感

香蕉巧克力瑪芬

學習烘焙時，最常製作的就是瑪芬。
除了初學者也不容易失敗的優點之外，
小心翼翼地剝開之後，味道和外形更是讓人滿意極了。
隨著放入的材料而出現不同味道的瑪芬之中，
我最喜歡加了巧克力的瑪芬。
巧克力甜中帶點苦澀的後味好極了。

材料

5～6人份〔40分鐘〕　難易度 ★★☆

主材料　低筋麵粉160公克、杏仁粉30公克、可可粉10公克、泡打粉1＋1/2小匙、奶油75公克、砂糖75公克、香蕉1根、雞蛋1＋1/2顆、鮮奶油40公克、巧克力豆30公克、鹽少許

❶ 將低筋麵粉、杏仁粉、可可粉、泡打粉混合後過篩。

❷ 將變軟的奶油用打蛋器打軟後，將砂糖分2～3次加入拌勻。

❸ 香蕉去皮後以叉子壓碎。

❹ 雞蛋打散並加到奶油裡，打至發泡後加入鮮奶油拌勻，接著加入混合麵粉攪拌。在粉狀材料完全拌勻之前加入香蕉與巧克力豆。

❺ 以湯匙將麵糊舀入瑪芬蛋糕模中至7分滿。

❻ 以預熱至180℃的烤箱烤25分鐘即可。

Flavoring Story

杏仁粉是將杏仁磨成粉末，用來增加派皮或餅乾的香氣。杏仁因脂肪含量高，容易腐壞，請務必冷藏保存。

紅酒瑪芬

材料

5～6人份〔40分鐘〕

主材料 奶油100公克、砂糖110公克、雞蛋2顆、低筋麵粉150公克、泡打粉1小匙、紅酒1/4杯、蜜棗（或葡萄乾）50公克、鮮奶油30公克

難易度 ★★☆

Flavoring Story

蜜棗為乾燥的西洋棗子，含有豐富的鈣質與膳食纖維。

紅酒被譽為神之水滴，
讓我們一起邀請這特別的水滴進入甜點的世界吧！

❶ 將變軟的奶油用打蛋器打散後，將砂糖分2～3次加入拌勻。

❷ 雞蛋打散後分2～3次加至步驟❶的奶油裡攪拌均勻。

❸ 低筋麵粉和泡打粉混合後過篩，加至步驟❷的奶油中拌勻。

❹ 蜜棗切碎用紅酒稍微浸泡，撈出後放入步驟❸的麵糊中拌勻。接著加入泡過蜜棗的紅酒和鮮奶油拌勻，以預熱至180℃的烤箱烤20～25分鐘。

一口剛剛好

糯米多拿滋

10人份〔30分鐘〕

主材料 糯米粉300公克、
低筋麵粉60公克、泡打粉1
小匙、砂糖45公克、鹽3公
克、水飴24公克、奶油12公
克、熱水70公克、炸油適量

難易度 ★★☆

Tip

在糯米粉中加入熱水可讓麵
糰變熱，便於捏製形狀。將
一小塊麵糰放入炸油中，若
麵糰落至中間後浮起，那麼
即約170～180℃。此外，炸
油必須維持一定溫度，才能
將內部炸熟。

麵包店裡雖然陳列許多美味的麵包與餅乾，
但我第一眼看見的往往都是炸成金黃色的糯米多拿滋。
香Q有嚼勁的口感，可是其他地方嘗不到的韓國特有風味。

❶ 糯米粉、低筋麵粉和泡打粉混合後過篩，接著加入砂糖、鹽和水飴拌勻。

❷ 奶油以隔水加熱的方式融化後，倒進步驟❶的麵糊中，加入熱水整成麵糰。

❸ 麵糰以10公克的重量分塊，搓成一口大小的球狀。

❹ 炸油預熱至170～180℃後，放入麵糰炸熟即可。

蛋糕捲

近年來蛋糕捲蔚為流行，
在東京自由之丘更有蛋糕捲專賣店。
如果加入紅豆等豆類，
一定能得到不愛吃鮮奶油蛋糕或起司蛋糕的老人家青睞。
因為不用花費心思在裝飾蛋糕上，所以更讓人充滿信心，
相信自己一定能夠做出美味的蛋糕捲。

材料

5～6人份〔40分鐘〕 難易度 ★★★

麵糊 蛋白140公克、砂糖100公克、蛋黃90公克、低筋麵粉90公克
鮮奶油 鮮奶油150公克、蜜紅豆1/4杯

❶ 用打蛋器將蛋白打發後，將砂糖分3～4次加入，攪拌成帶有光澤的蛋白糖霜。

❷ 將蛋黃加入蛋白中攪拌均勻。

❸ 低筋麵粉過篩，加入蛋汁中，必須輕輕攪拌以防蛋白消泡。

❹ 將麵糊倒進鋪了烘焙紙的方形烤盤中，鋪平後以預熱至200℃的烤箱烤10分鐘。蛋糕捲的蛋糕體烤好後放涼。

❺ 打發鮮奶油。當打蛋器舉起時，鮮奶油成圓錐狀即可。

❻ 將鮮奶油鋪在蛋糕捲上，灑上蜜紅豆後捲起。

Flavoring Story

蜜紅豆是在煮熟的紅豆中加入砂糖熬煮而成，可用來製作蛋糕或年糕。製作方法只要將紅豆煮熟後，加入砂糖和水飴熬煮即可。

糯米鬆餅

材料

1～2人份〔30分鐘〕

主材料 雞蛋1顆、豆漿1杯、糯米粉1杯、泡打粉1小匙、砂糖3大匙、奶油1大匙

配料 冰淇淋2球、草莓3～4顆、薄荷·糖粉少許

難易度 ★★☆

Tip

冰淇淋可依喜好選擇香草、草莓或抹茶口味。

我曾在京都的咖啡館吃到名為「moffle」的人氣甜點。
外表雖然和鬆餅一樣，
但口感卻像日本人所喜愛的麻糬。
當麻糬遇見鬆餅，就成了外皮酥脆、內裡Q軟的「moffle」。
為了仿效這款獨特甜點，我利用糯米做出味道相仿的糯米鬆餅。

❶ 雞蛋打散後，倒入豆漿攪拌均勻。

❷ 糯米粉、泡打粉、砂糖混合均勻後，加入豆漿中，攪拌均勻避免結塊。

❸ 倒入融化的奶油拌勻。

❹ 將麵糊倒入預熱好的鬆餅機中烤至酥脆，盛盤時佐以冰淇淋、草莓、薄荷，最後灑上糖粉即可。

義大利麵女孩，鬆餅男孩

鬆餅

材料

1～2人份〔30分鐘〕

主材料 蛋黃2顆、砂糖
(A)30公克、橄欖油30公克、
牛奶35公克、中筋麵粉50公
克、蛋白2顆、砂糖(B)15公克

配料 鮮奶油1/2杯、檸檬
1/2顆、糖粉少許

難易度 ★★☆

Tip

也可以利用市售的鬆餅粉加
入牛奶和雞蛋攪拌均勻後，
直接作為鬆餅麵糊使用。

有本書叫做《鬆餅般的男孩，義大利麵般的女孩》，
提到男人的思考模式就像鬆餅，
分成數格，每格只能裝著一道主題，
但女人的心思卻像錯綜複雜纏繞在一起的義大利麵。
每次吃鬆餅時，我總會想起這段話，然後自顧自地笑了起來。

① 蛋黃和砂糖(A)攪拌至米黃
色後，加入橄欖油。

② 接著分次加入牛奶攪拌，
然後加入已過篩的中筋麵
粉拌勻。

③ 蛋白和砂糖(B)打發後分
2～3次加入步驟❷的麵
糊中。

④ 將麵糊倒入預熱好的鬆餅
機中烤至酥脆。鮮奶油打
發後放在鬆餅上，檸檬榨
汁淋上，最後灑上糖粉。

I ♥ Sweet

別吃巧克力派，來吃我吧！

銅鑼燒

銅鑼燒是在兩片長得像鬆餅的圓形奶黃餅中間夾上紅豆的和菓子，
據說是1914年東京上野的某間和菓子店首次製作販售。
渾圓模樣貌似銅鑼，加上以燒烤方式製作而成，
而將兩個字組合起來，稱為銅鑼燒。

材料

5～6人份〔1小時〕　難易度 ★★★

主材料　雞蛋100公克、砂糖80公克、蜂蜜20公克、牛奶1/4杯、低筋麵粉100
公克、泡打粉1公克、紅豆餡（市售）1/2杯、油適量

1 雞蛋、砂糖和蜂蜜以隔水加熱的
方式用打蛋器打發。

2 雞蛋顏色變成米黃色並出現泡沫
後，加入牛奶。

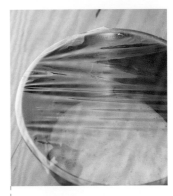

3 低筋麵粉和泡打粉混合後過篩，
加入步驟 **2** 的蛋汁中拌勻後，
蓋上保鮮膜並在室溫下靜置1小
時。

4 用湯匙將麵糊舀進平底鍋，攤平
成直徑4公分的圓餅。

5 當表面出現小洞後翻面。

6 將紅豆餡塗在銅鑼燒餅上，再蓋
上另一片銅鑼燒餅即可。

Tip　將油滴進平底鍋中，用餐巾紙均勻塗抹整個鍋面後，再倒入麵糊煎烤的
話，便能輕鬆烤出漂亮褐色的銅鑼燒餅。

充滿著清爽的柚子香

柚子銅鑼燒

材料

1～2人份〔30分鐘〕

主材料 鬆餅預拌粉1包（250公克）、雞蛋1顆、水150毫升、融化的奶油60毫升、油適量

柚子豆沙餡 白豆沙1杯、柚子醬2

難易度 ★★☆

Tip

在煎烤銅鑼燒餅時，當表面出現小洞即可翻面續煎。

隨著小烤箱成為熱賣商品，大家對於烘焙也越來越有興趣，漸漸地，在超市也能輕鬆買到各種糕點的預拌粉。利用鬆餅預拌粉簡單製作而成的銅鑼燒，沒想到竟是出乎意料地美味呢！

❶ 將鬆餅預拌粉倒入盆中。

❷ 加入雞蛋和水拌勻，再倒入融化的奶油拌勻。在平底鍋中滴入油，用餐巾紙均勻塗抹整個鍋面後，將麵糊倒入鍋中，攤成直徑4公分的圓餅煎熟。

❸ 將柚子醬的果肉切碎後加入白豆沙中攪拌均勻。

❹ 將柚子豆沙餡塗在一片圓餅上，再蓋上另一片圓餅即可。

鯛魚燒 & 冰淇淋

材料

1～2人份〔30分鐘〕

主材料 鯛魚燒預拌粉1杯、牛奶1杯、融化的奶油2大匙、油適量、紅豆餡1/2杯、香草冰淇淋1球

難易度　★☆☆

Flavoring Story

只要有鯛魚燒烤盤，便能輕鬆做出鯛魚燒。若有一間能讓客人自行在桌上烤鯛魚燒來吃的體驗型咖啡館，相信一定能廣受歡迎。

我曾慕名前往東京惠比壽車站附近的知名鯛魚燒店，沒想到店家竟在剛出爐的鯛魚燒頭上蓋了一球冰淇淋後遞給我。熱呼呼又冰涼涼，看來東西洋點心界的代表選手都在這裡集合了！

❶ 鯛魚燒預拌粉和牛奶攪拌均勻。

❷ 加入融化的奶油後拌勻。

❸ 將鯛魚燒烤盤均勻抹油後倒入麵糊。

❹ 加入紅豆餡後，將兩面烤成金黃色即可。

水梨紅酒冰淇淋

西點有許多將梨子放進紅酒中熬煮的甜點，
是不是西洋梨不怎麼美味的關係呢？
韓國的水梨直接吃就能品嘗到甜美多汁的味道，
但若將充滿甜液的水梨放到紅酒中熬煮，更能凸顯出甜蜜風味。

材料

3～4人份〔30分鐘〕

主材料 水梨（或蘋果）1/2顆、紅酒1杯、水1杯、肉桂1塊、柳橙皮1/4顆的份量、糖粉3～4大匙、冰淇淋2球

難易度 ★☆☆

Tip

若沒有柳橙皮，也可以用檸檬皮替代。使用柳橙或檸檬皮時，果肉與果皮之間的白色部分會產生苦味，因此必須剃掉。

❶ 水梨去皮切成適當大小。

❷ 水梨、紅酒、水、肉桂和柳橙皮一同煮滾。

❸ 當水梨染上紅酒顏色時，加入糖粉拌勻。

❹ 然後冷藏待冰涼後盛碗。接著放上冰淇淋，柳橙皮切絲裝飾。

超棒的咖啡館甜點

柚子奶酪

7～8人份〔30分鐘〕

主材料 吉利丁3片、牛奶220毫升、鮮奶油250毫升、砂糖50公克、柚子醬1/4杯、小紅莓乾·薄荷少許

難易度 ★☆☆

Tip

鮮奶油必須使用未添加砂糖的產品。

義式奶酪（panna cotta）指的是熟奶油，為一種義大利甜點。
就好像不斷訴説著「我很柔軟」的外觀一樣，
有著能在口中絲絲融化的柔嫩口感。
為了讓柔滑味道散發清爽感，我特別添加了柚子。

① 吉利丁浸泡變軟後撈出。

② 牛奶、鮮奶油和砂糖煮至砂糖溶解後關火，放入吉利丁拌至溶解，務必小心結塊。

③ 將柚子醬的柚子果肉切碎，舀1小匙均勻塗抹在容器內側。然後加入步驟**②**的奶酪至7～8分滿，冷藏至凝固。

④ 將柚子醬放在奶酪上，再以小紅莓乾和薄荷裝飾。

I ♥ Sweet

岩漿巧克力蛋糕

材料

5～6人份〔30分鐘〕

主材料　黑巧克力160公克、奶油80公克、雞蛋3顆、砂糖60公克、低筋麵粉20公克、可可粉20公克、蘭姆酒1大匙、糖粉些許

難易度　★★☆

Tip

黑巧克力與奶油融化後，需放涼後再加入雞蛋，以免雞蛋變熟。

Fondant為法文，意指「在口中迅速融化」，
顯示出巧克力從蛋糕中間緩緩流出的柔滑感。
嘴裡說著Fondant、Fondant，讓人似乎就要「噗通」掉進蛋糕裡。
請務必熱呼呼地享用才能真正品嘗到它的美味！

1 黑巧克力和奶油隔水加熱至融化。

2 雞蛋和砂糖拌勻。低筋麵粉和可可粉混合過篩。

3 將步驟❶和❷均勻攪拌後，加入蘭姆酒拌勻。

4 在鋪上烘焙紙的瑪芬蛋糕模或小型烤碗中倒入8分滿的麵糊，以預熱至170℃的烤箱烤12分鐘，烤好後灑上糖粉即可。

咖啡良伴

杏仁布朗尼

材料

5～6人份〔40分鐘〕

主材料 黑巧克力100公克、奶油125公克、黑糖150公克、香草糖1包（8公克）、雞蛋3顆、低筋麵粉50公克、可可粉5大匙、泡打粉1/4小匙、杏仁片50公克

難易度 ★★☆

Flavoring Story

利用刀尖刮下香草莢的籽後，與砂糖一起磨碎即為香草糖。加入布朗尼麵糊裡，可讓口感變得柔軟，更能添加香氣。使用市售產品更加方便。

布朗尼是英國傳統甜點，更廣受世界各國人們的喜愛。覺得鬱悶的時候，用一杯咖啡搭配濃厚濕潤的巧克力風味，心情不知不覺中便像是沐浴在春風中似地輕快了起來。

❶ 以隔水加熱方式將奶油融化後，加入切碎的黑巧克力攪拌至融化。

❷ 加入黑糖和香草糖拌勻後，以一次一顆的方式加入雞蛋，並用打蛋器攪拌均勻。

❸ 低筋麵粉、可可粉和泡打粉混合後過篩，然後加入巧克力糊中。

❹ 將烘焙紙鋪在方形烤盤上，倒入麵糊並將表面抹平，接著灑上杏仁片，以預熱至180℃的烤箱烤30分鐘即可。

I ♥ Sweet

豆漿布丁

Cette douce
en moment de détente

牛奶布丁經由連鎖店販售後而打開知名度。
現在就讓我們用豆漿來代替牛奶做做看吧。

材料

7～8人份〔30分鐘〕

主材料 豆漿400公克、砂糖(A)20公克、香草莢1/4根、蛋黃4顆、砂糖(B)40公克、吉利丁2片

焦糖 砂糖100公克、熱水20公克

難易度 ★☆☆

Flavoring Story

在餅乾或蛋糕中加入香草，便能讓成品散發出甜美香味。天然香草莢所散發的香氣是香草粉或香草精所無法比擬的。

1 豆漿、砂糖(A)和香草莢一同煮滾。

2 蛋黃和砂糖(B)攪拌均勻，吉利丁以冷水泡軟。

3 在蛋黃中加入豆漿攪拌均勻後煮滾，接著加入吉利丁攪拌至溶解後，過篩並放涼。

4 砂糖稍微加熱變褐色後，倒入熱水製成焦糖醬。先將焦糖醬倒入容器中，再倒入豆漿冷藏至凝固。

南洋的風光

椰奶米糕

材料

3～4人份〔40分鐘〕

主材料 糯米1/4杯、椰奶
1/4杯、砂糖2匙、鹽0.2匙、
水果（草莓、柳橙、奇異
果、石榴）少許

難易度 ★☆☆

Tip

利用飯碗將糯米飯壓出形
狀，看起來會更加美味喔。

前往泰國旅遊時，
在市場吃到的白色糯米飯感覺就像是韓國的藥食，
細細品嚐之後才發現糯米裡加了椰奶，
而散發出異國風味十足的味道。

❶ 糯米洗淨後浸泡4小時，
接著用已冒出蒸氣的蒸籠
蒸25分鐘。

❷ 椰奶、砂糖和鹽攪拌至砂
糖溶解。

❸ 在蒸熟的糯米中加入椰奶
攪拌均勻後，蓋上保鮮膜
靜置20分鐘。

❹ 利用造型容器將糯米飯壓
出形狀後盛盤，並用各種
水果裝飾。

教人驚豔的華麗變身

羊羹

義大利有句俗諺說：醫生最怕番茄豐收。
由此可知番茄是優異的健康食品。
過去總是以煮食、生吃或果汁來食用的番茄，
這回漂亮變身成為羊羹。
此外，也選用了越嚼越甜的紅棗來製作羊羹。
應該可以說是羊羹的華麗變身吧！

番茄羊羹

紅棗羊羹

材料

1～2人份〔30分鐘〕

主材料 寒天10克、番茄
500g（2～3顆的份量）、鹽
1/4小匙、砂糖1杯、白豆沙
100g

難易度 ★★☆

Tip

寒天是將海藻類的石花菜曬
乾後製成，和吉利丁一樣，
作為讓液體凝固之用。

番茄羊羹

How to Cook

1 寒天以冷水充分泡開後瀝乾，番茄去皮後切成適
當大小並以果汁機攪碎。

2 將番茄和寒天以小火煮至寒天溶解後，再加入鹽
和砂糖煮至溶解。接著加入白豆沙充分拌勻並小
心黏鍋。最後倒入容器中待其凝固。

材料

1～2人份〔30分鐘〕

主材料 寒天10克、水2杯、
砂糖1/2杯、白豆沙200g、
紅棗膏100g、水蔘1根

難易度 ★★☆

Tip

將紅棗的果肉與籽分開後，
倒入水略煮。接著將籽撈
出，果肉續煮至軟爛，煮好
以果汁機攪碎後過篩，即成
了紅棗膏。

韓國風味的點心

紅棗羊羹

How to Cook

1 寒天以冷水充分泡開後，加入水煮至溶解。再加
入砂糖煮至溶解後，加入白豆沙充分拌勻並小心
黏鍋，最後加入紅棗膏攪拌均勻。

2 水蔘切絲後加入寒天中攪拌均勻，最後倒入容器
中待其凝固。

木瓜凍

7～8人份〔40分鐘〕

主材料 吉利丁2片、冷水6匙、水2杯、木瓜茶1/4杯、檸檬汁1大匙

難易度 ★☆☆

Tip

使用吉利丁粉，2大匙即可；使用寒天則需5～6公克。

果凍是冰鎮後享用的甜點，
利用柚子、木瓜、生薑茶便能做出口味獨特的果凍。
只要拋棄一點點成見，就能創造出全新料理。

1 吉利丁以冷水泡開。

2 水和木瓜茶一同煮滾後，加入吉利丁攪拌至溶解。

3 加入檸檬汁拌勻。

4 最後倒進容器中冷藏，待凝固後切成適當大小即可。

天然的彩色甜點

甜椒凍

材料

7～8人份〔10分鐘〕

主材料 黃甜椒1/2個、橘甜椒1/2個、水4杯、吉利丁2片、砂糖100公克

難易度 ★☆☆

Tip

若想製作雙色果凍，只要先將吉利丁放入其中一種顏色的甜椒汁中溶解使其凝固，接著再將吉利丁放入另一種顏色的甜椒汁中溶解並凝固即可。

每當看到形形色色加入大量色素所製成的果凍時，總引起我想挑戰製作天然彩色果凍的欲望，所以我選擇了甜椒。除了美味之外，黃澄澄的顏色更讓人忍不住流口水。

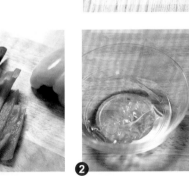
❶ 黃甜椒和橘甜椒切成適當大小，各加入水1杯以果汁機攪碎後過篩。

❷ 吉利丁以冷水泡開。

❸ 甜椒汁各加入水1杯與砂糖50公克略煮後，加入吉利丁攪拌至溶解。

❹ 將其中一種顏色的甜椒汁裝入容器中，待其凝固後再加入另一種顏色的甜椒汁，如同彩虹般交錯顏色加入後凝固。

豆腐凍

材料

7〜8人份〔30分鐘〕

主材料 吉利丁3片、嫩豆腐1/2塊、豆漿200毫升、砂糖2匙、鮮奶油100毫升

難易度 ★★☆

Tip

凝固豆腐凍時，若能使用各種造型模具，將讓成品顯得更美味。

豆腐也能製作成果凍。
將滑嫩的嫩豆腐攪碎後加入其他食材後再凝固成豆腐模樣就行了。
原本還想著：「豆腐做的果凍怎麼可能好吃？」
卻在品嘗一口之後，臣服於它的甜美。

1 吉利丁以溫水泡開。

2 用食物調理攪拌棒將嫩豆腐和豆漿攪碎。

3 豆腐漿加入砂糖後，以中火煮至砂糖溶解。接著加入吉利丁，以小火煮至完全溶解。

4 關火並加入鮮奶油攪拌均勻，倒入方形容器中冷藏。凝固後切成適當大小即可。

紅柿呀紅柿，我愛你！

紅柿慕絲

材料

5～6人份〔10分鐘〕

主材料 紅柿2顆（200公克）、吉利丁2片、砂糖20公克、檸檬汁0.5匙、鮮奶油100公克

難易度 ★★☆

Tip

在紅柿慕絲中加入現榨檸檬汁，將讓味道變得更清爽。

慕絲其實是法文的「氣泡」之意，
指在柔滑泥狀的材料中拌入打發的鮮奶油或蛋白後的膨脹狀態，
通常使用容易製成泥狀的水果，如芒果、草莓等。

❶ 紅柿去皮後壓碎。

❷ 吉利丁以冷水泡開。

❸ 紅柿和砂糖略煮後，加入吉利丁拌勻。

❹ 加入檸檬汁攪拌。接著將鮮奶油打發後加入拌勻即可。

豆腐奶凍

材料

5～6人份〔30分鐘〕

主材料 吉利丁2片、藍莓（罐頭）150公克、生食用豆腐50公克、水50公克、鮮奶油150公克、砂糖2大匙、藍莓（罐頭）1/4杯

豆腐慕絲 蛋白20公克、砂糖2小匙、鮮奶油50公克、生食豆腐30公克、優格50公克

難易度 ★★☆

Tip

巴巴露亞須以冷藏保存，屬於冰涼享用的甜點。

這道甜點能同時品嘗被稱為健康食品的豆腐與藍莓，一次滿足健康與美味。
構想則是來自要冷藏享用的法國甜點巴巴露亞。

① 吉利丁以溫水泡開。藍莓、豆腐和水一起用食物攪拌棒攪碎。

② 吉利丁以隔水加熱的方式溶解並放涼後，與步驟**①**的藍莓、豆腐一起攪拌均勻。鮮奶油150公克和砂糖2大匙混合打發後，加入藍莓豆腐拌勻。

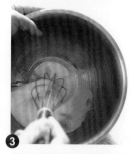

③ 製作豆腐慕絲。蛋白和砂糖以打蛋器打成蛋白糖霜。鮮奶油加入砂糖打發至較硬的質地。用打蛋器將豆腐和優格拌勻後，加入蛋白糖霜和鮮奶油拌勻。

④ 將藍莓裝入容器中，再依序放上步驟**②**的豆腐和步驟**③**的慕絲後，放入冰箱冷藏即可。

細節來自基本技巧

海綿蛋糕

材料

3～4人份〔40分鐘〕

主材料 雞蛋2顆、砂糖50公克、水飴1大匙、低筋麵粉60公克、牛奶1大匙、奶油2小匙

所需工具 直徑15公分的圓形蛋糕模

難易度 ★★☆

Tip

隔水加熱後的雞蛋打發時，當雞蛋的顏色變成米黃色並出現泡沫後，用打蛋器以畫鋸齒狀的方式繼續打蛋，打至泡沫能維持5秒不消即可。

這是我們常吃的鮮奶油蛋糕的原形，也可用來製作起司蛋糕或地瓜蛋糕，可說是左右蛋糕味道的基礎。使用方形、圓形等各種烤模便能烤出形狀不同。若想做出美味的蛋糕，絕對要先學會烤海綿蛋糕。

1 雞蛋打散，加入砂糖和水飴隔水加熱。

2 將隔水加熱過的雞蛋用打蛋器打發。

3 低筋麵粉過篩後加到蛋汁中攪拌均勻。牛奶和奶油以微波爐加熱後倒入麵糊中拌勻。

4 將烘焙紙鋪在直徑15公分的圓形蛋糕模中，倒入麵糊後，將蛋糕模輕敲桌面以排除空氣。接著以預熱至180℃的烤箱烤20～25分鐘。烤好待完全冷卻後再切片。

I ♥ Sweet

起司蛋糕

人們喜愛的食物隨著時代而有不同。
原本處處可見塗滿鮮奶油，妝點得五顏六色的海綿蛋糕，
卻不知何時開始竟然變成加了大量起司的慕絲蛋糕。
也因此，起司的味道表現成了左右蛋糕的關鍵。
雖然每間咖啡館的菜單都有起司蛋糕，但真正好吃的沒有幾家。
現在就和我一起來烤個真正美味的起司蛋糕吧。

3～4人份〔1小時〕　難易度 ★★★

材料

起司奶油　奶油起司200公克、檸檬汁1大匙、砂糖60公克、酸奶150公克、吉利丁3片、水3大匙、鮮奶油150公克

裝飾材料　新鮮水果・薄荷・糖粉・鏡面果膠少許

所需道具　直徑15公分的分離式蛋糕模、海綿蛋糕1塊

❶ 將奶油起司放在室溫下變軟後，加入檸檬汁、砂糖、酸奶拌勻。

❷ 吉利丁以冷水泡開後，放入微波爐中加熱溶解，分次加入奶油起司中拌勻。

❸ 將鮮奶油打發至8成後放入奶油起司中，先放入1/3左右，待拌勻後再加入剩下的鮮奶油。

❹ 在直徑15公分的分離式蛋糕模中鋪上海綿蛋糕。

❺ 將奶油起司平鋪在海綿蛋糕上，接著冷藏2～3小時至以手觸摸不會沾黏即可。

❻ 將起司蛋糕從冰箱中取出，灑上糖粉後脫模。在蛋糕上頭裝飾新鮮水果和薄荷，接著將鏡面果膠塗在新鮮水果上。

Tip　鏡面果膠屬果凍類，用來塗抹放在蛋糕或派上的水果或餅乾，藉此呈現光澤，並且以防變乾、變硬。分為需要煮開和可直接使用兩種。一般來說，直接使用的果膠多用來塗抹在新鮮水果上；餅乾則多使用煮開後塗抹的果膠。若沒有鏡面果膠，也可以用杏桃果醬來代替。

舒芙蕾起司蛋糕

經常在愛情電影中登場的舒芙蕾是象徵甜蜜與溫柔的甜點。

電影《龍鳳配》就曾出現在料理學校學習的奧黛麗赫本捧著舒芙蕾出現的場景，

因此每當看到舒芙蕾起司蛋糕，我就會想起那個畫面。

正如舒芙蕾有著「膨脹」之意，必須脹得漂漂亮亮，才能帶出真正的美味。

材料

3～4人份〔1小時〕 難易度 ★★☆

主材料 奶油起司150公克、鹽少許、奶油15公克、原味優格30公克、牛奶20公克、蛋黃1顆、砂糖(A)15公克、玉米粉（或玉米澱粉）15公克、檸檬汁1小匙、蛋白40克、砂糖(B)30公克

所需道具 直徑18公分的圓形蛋糕模、海綿蛋糕1塊

❶ 奶油起司和鹽以打蛋器打勻。

❷ 將奶油打軟後，加入原味優格攪拌均勻，再倒入牛奶拌勻後，加到奶油起司中攪拌均勻。

❸ 蛋黃和砂糖(A)攪拌至變成米色後，加入玉米粉和檸檬汁拌勻，再倒到奶油起司中攪拌均勻。

❹ 蛋白打發，當開始出現泡沫時，分2～3次加入砂糖(B)製作成帶有光澤的蛋白糖霜。接著分2～3次將蛋白糖霜加到奶油起司中，要小心蛋白消泡。

❺ 在蛋糕模中鋪上烘焙紙並放入海綿蛋糕，接著倒入麵糊。然後將蛋糕模輕敲桌面以排除空氣。

❻ 在烤盤中裝入熱水並放上蛋糕模，以隔水加熱的方式放入預熱至160℃的烤箱中烤40分鐘。

Tip 步驟❷的蛋糊攪拌後放入奶油起司時，必須攪拌均勻以免結塊。以隔水加熱的方式烘烤時，用牙籤戳戳看中間部分，若沒有沾黏麵糊即可取出。

檸檬塔

看似簡單卻有著多重滋味的代表甜點就是塔，
其中包括放了各種水果的水果塔，也有加了各式堅果的堅果塔。
塔類甜點據說源自古羅馬時代的餅乾，
因為果醬和奶油難以單獨食用，
所以便出現能將「盤子」一起吃掉的方法。
這道檸檬塔特別的是不需烘烤，而是自然凝固，
完美融合甜味與酸味，每當我想吃清爽的甜點時，
便會想到它。

派皮　低筋麵粉200公克、糖粉50公克、奶油120公克、雞蛋1顆、鹽1公克、檸檬皮末1小匙　**檸檬餡**　奶油100公克、砂糖80公克、檸檬汁1/2杯、檸檬皮末2小匙、蛋黃6顆　**裝飾材料**　鮮奶油、檸檬皮‧薄荷少許

❶ 低筋麵粉和糖粉混合過篩後，放入奶油，並用刮刀攪拌。

❷ 奶油切丁後，與混合麵粉拌勻，再加入雞蛋和鹽拌勻。攪拌成麵糰後，在奶油融化之前放入塑膠袋中冷藏30分鐘以上。

❸ 將麵糰用擀麵棍擀平放入派模，去除邊緣多餘的部分後，用叉子在派皮上戳滿小洞。

❹ 將派皮以預熱至180℃的烤箱烤20～25分鐘，呈現金黃色即可。

❺ 製作檸檬餡。奶油隔水加熱融化後，加入砂糖、檸檬汁和檸檬皮末拌勻，接著分次加入蛋黃，以打蛋器攪拌均勻。

❻ 當檸檬餡變得濃稠後放入冰碗中冷卻，接著倒入派皮裡冷藏，待檸檬餡變硬。將鮮奶油打發並放入擠花袋，以鮮奶油裝飾後，放上檸檬皮與薄荷裝飾即可。

Tip　檸檬皮洗淨後，剝除表皮內側會產生苦味的白色部分。此外，也可以用柳橙皮或柚子皮替代。

柿乾塔

看到將各種水果放在杏仁奶油上所烘烤而成的水果塔後，
讓我冒出「何不試著放上韓國水果」的想法。
腦中迅速集合了所有水果後，最後選出了柿乾。
完成後才發現原來口感彈牙的柿乾這麼適合做成水果塔。

材料

5～6人份〔1小時〕

派皮 奶油120公克、糖粉
50公克、雞蛋1顆、低筋麵粉
200公克、鹽1公克、麵粉少
許

杏仁奶油 奶油70公克、砂
糖70公克、杏仁粉70公克、
雞蛋1+1/2顆、柿乾5顆

難易度 ★★☆

Tip

烘烤派皮時，若只有派皮，
麵糰會起泡，使得派皮不夠
光滑平整，因此必須放上豆
子或烘焙豆一起烘烤。

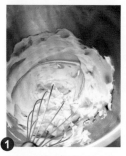

① 將糖粉和變軟的奶油以打
蛋器攪拌成糊狀。雞蛋打
散後加入並攪拌均勻。將
低筋麵粉和鹽混合後過篩
也加入並拌勻。

② 將麵糊放入塑膠袋中冷藏
3～4小時。工作檯灑上
麵粉，冷藏後的麵糊以擀
麵棍擀成0.4公分厚度放
入派模，去除邊緣多餘的
部分後，用叉子在派皮上
戳滿小洞。

③ 將烘焙紙鋪在派皮上，接
著放上豆子或烘焙豆，以
預熱至180℃的烤箱烤10
分鐘。烤好後拿掉豆子或
烘焙豆，再放入烤箱續烤
5分鐘。

④ 將核桃奶油材料中的奶油
和砂糖拌成糊狀。杏仁粉
過篩後分次加入，雞蛋也
分次加入拌勻。接著倒入
派皮中鋪平，柿乾切片鋪
在奶油餡上，以預熱至
180℃的烤箱烤25分鐘。

塔人生的第二春

新鮮水果塔

材料

5～6人份〔1小時〕

塔皮 奶油120公克、糖粉50公克、雞蛋1顆、低筋麵粉200公克、鹽1公克、麵粉少許

杏仁奶油 奶油70公克、砂糖70公克、杏仁粉70公克、雞蛋1＋1/2顆

裝飾材料 鮮奶油1/2杯、水果（草莓、鳳梨、奇異果）適量

難易度 ★★☆

Tip

將鏡面果膠塗在水果上，可防止水果乾掉，並讓水果呈現光澤，看起來更加美味。

還有誰能比它更華麗？
放上各種水果，不需特別裝飾，
光靠水果的顏色就能完成一道華麗的西洋甜點。
如同孔雀般璀璨的水果塔，最適合推薦給喜愛酸甜味道的人。

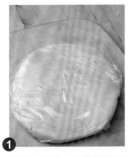

❶ 將塔皮材料中的糖粉和變軟的奶油以打蛋器攪拌成糊狀。低筋麵粉和鹽混合後過篩，加入打散的雞蛋，攪拌成麵糰後，放入塑膠袋冷藏3～4小時。

❷ 工作檯灑上麵粉，冷藏後的麵糰以擀麵棍擀成0.4公分厚度放入派模，去除邊緣多餘的部分後，用叉子在派皮上戳滿小洞。

❸ 將烘焙紙鋪在派皮上，接著放上豆子或烘焙豆，以預熱至180℃的烤箱烤10分鐘。烤好後拿掉豆子或烘焙豆，再放入烤箱續烤5分鐘。

❹ 將杏仁奶油材料中的奶油和砂糖拌成糊狀。杏仁粉過篩後分次加入，雞蛋也分次加入拌勻。接著倒入派皮中鋪平，以預熱至180℃的烤箱烤25分鐘。放涼後以打發的鮮奶油和水果裝飾。

肉桂蘋果派

因為太喜歡在蘋果中加入肉桂所熬煮而成的肉桂蘋果，
所以進而烘烤成肉桂蘋果派。
一口咬下香香軟軟的肉桂蘋果與酥酥脆脆的派皮，
在嘴中交織而成的美味讓我經常做來吃。

材料

3～4人份〔1小時〕 難易度 ★★★

派皮 奶油60公克、低筋麵粉130公克、蛋黃1顆、水2大匙、鹽少許 **內餡** 蘋果2顆、黑砂糖3大匙、奶油1大匙、檸檬汁1大匙、肉桂粉1小匙 **蛋汁** 蛋黃1顆、牛奶2大匙

❶ 低筋麵粉加入奶油，邊將奶油切丁邊攪拌。

❷ 加入蛋黃、水和鹽攪拌成麵糰。

❸ 接著麵糰裝進塑膠袋冷藏半天左右。

❹ 製作內餡。蘋果去皮切丁，加入黑砂糖、奶油、檸檬汁和肉桂粉後，以小火熬煮。

❺ 取出冷藏後的麵糰，以擀麵棍擀成方形，放上熬煮過的蘋果後蓋上派皮，邊緣以叉子壓緊。蛋黃和牛奶混合均勻後抹在派皮上。

❻ 最後以預熱至180℃的烤箱烤20分鐘。

Tip　攪拌奶油和麵粉時，利用刮刀或食物調理攪拌棒能更輕鬆快速地完成。
另外，也可以將蘋果派做成像水果塔一樣的圓形。

不愛甜食的人有福了

法式鹹派

法式鹹派與瑪德蓮一樣，源自法國洛林地區。
雖然法式鹹派被稱為「quiche」，但也可以加上地區名稱，稱為「quiche lorraine」。
融合了牛奶、鮮奶油、雞蛋與蔬菜的法式鹹派可說是甜派的親戚。

3～4人份〔1小時〕 難易度 ★★☆

派皮 奶油60公克、低筋麵粉130公克、蛋黃1顆、水2大匙、鹽少許
內餡 培根2片、蘑菇4朵、花椰菜1/4朵、洋蔥1/4顆、披薩起司1/4杯
蛋汁 雞蛋2顆、牛奶1杯、鮮奶油1杯、鹽‧胡椒粉少許

❶ 低筋麵粉加入奶油，邊將奶油切丁邊攪拌。

❷ 接著加入蛋黃、水和鹽拌成麵糰後，裝進塑膠袋冷藏半天左右。

❸ 雞蛋打散，加入牛奶和鮮奶油拌勻，以鹽‧胡椒粉調味後過篩。

❹ 培根切成1公分寬，蘑菇縱切片，花椰菜汆燙切塊，洋蔥切絲。

❺ 培根略炒後，接著加入洋蔥和蘑菇同炒。

❻ 將麵糰擀成0.2公分厚度後放入派模，去除邊緣多餘的部分後，用叉子在派皮上戳滿小洞。放入內餡材料後，倒入蛋汁，以預熱至170℃的烤箱烤30～40分鐘。

Tip 攪拌奶油和麵粉時，利用刮刀或食物調理攪拌棒能更輕鬆快速地完成。

栗子派

材料

5～6人份〔1小時〕

派皮 奶油60公克、低筋麵粉130公克、蛋黃1顆、水2大匙、鹽少許

內餡 奶油起司60公克、砂糖80公克、栗子泥120公克、蛋黃2顆、低筋麵粉20公克、鮮奶油60公克

裝飾材料 栗子（罐頭）、開心果少許

難易度 ★★★

Tip

栗子泥的製作方法：已去除外皮與內膜的栗子200公克，和牛奶1/2杯、砂糖3匙一同用果汁機攪勻即可。

擁有滿滿栗子的派，是愛吃栗子的人絕對不能錯過的甜點。
每到秋天，親朋好友送的栗子幾乎要塞滿我的廚房。
老實說，這道甜點就是為了善用那些栗子所想出來的絕佳妙方。

❶ 製作派皮。低筋麵粉加入奶油，邊將奶油切丁邊攪拌。加入蛋黃、水和鹽攪拌成麵糰後，裝進塑膠袋中冷藏半天左右。

❷ 製作內餡。砂糖和變軟的奶油起司拌勻，再加入栗子泥和蛋黃攪拌。接著加入低筋麵粉攪拌後，放入鮮奶油製成栗子奶油。

❸ 將麵糰擀成0.2公分厚度後放入派模，去除邊緣多餘的部分後，用叉子在派皮上戳滿小洞。以預熱至180℃的烤箱烤10分鐘。

❹ 將栗子奶油倒入派皮中，以預熱至180℃的烤箱烤40分鐘，待完全變涼後，以栗子和開心果裝飾即可。

烤糯米餅的新朋友

楓糖糯米餅

材料

3～4人份〔30分鐘〕

主材料 糯米粉1杯、梗米粉1/2杯、熱水（或煮滾的糖漿）3～4匙、食用油適量、奇異果1顆、柳橙1/2顆、砂糖少許、楓糖漿2匙

難易度 ★★☆

Flavoring Story

楓糖漿為抽取自楓樹的糖漿，香味獨特，適合用來搭配鬆餅或吐司一起食用。

變硬的糯米糕只要油煎至兩面金黃，便能恢復軟呼呼的口感，
沾著蜂蜜或麥芽糖一起享用，那美味可真是筆墨難以形容。
用糯米粉代替鬆餅粉煎烤成糯米餅，
再用楓糖漿代替蜂蜜或麥芽糖，
沒想到竟然廣受好評。

❶ 混合糯米粉和梗米粉，加入鹽和熱水後，攪拌至耳垂般的柔軟度。

❷ 平底鍋抹油，倒入麵糊攤平成直徑5公分的圓餅，正反兩面煎成金黃色。

❸ 奇異果和柳橙都去皮切成圓片。

❹ 將砂糖灑在盤子上，放上糯米餅後，裝飾奇異果和柳橙並淋上楓糖漿即可。

I♥Sweet

哎呀！別融化啊！

咖啡刨冰

材料

1～2人份〔30分鐘〕

主材料 即溶咖啡1匙（或濃縮咖啡30毫升）、橙酒0.5匙、開水2杯、糖漿2匙、冰淇淋1球、蜜紅豆（罐頭）5匙、焦糖糖漿1匙

難易度 ★★☆

夏天最受歡迎的甜點莫過於冰涼的刨冰，
每間店都有自己的祕訣。
有的使用鄉下奶奶親手做的蜜紅豆，
更有使用碾米坊每日新鮮製作的年糕。
然而利用冰塊來變化的店家卻不常見，
因此只要利用冰塊便能創造出屬於自己的特色刨冰。

Flavoring Story

在巧克力、蜜釀水果裡加入以柳橙為原料所製成的橙酒，便能讓味道與香氣變得更豐富。橙酒種類多樣，包括君度橙酒（cointreau）與柑香酒（curacao）。

1 將即溶咖啡放入橙酒中溶解，加入開水和糖漿後，倒入製冰盒中製成冰塊。

2 將咖啡冰塊放入果汁機中攪碎。

3 將咖啡碎冰放入碗中，再放上蜜紅豆、冰淇淋，淋上焦糖糖漿即可。

討厭紅豆者的福音

綠豆刨冰

材料

1～2人份〔30分鐘〕

主材料 碎冰2杯、當季水果（西瓜、水蜜桃等）適量、糯米糕1塊

蜜綠豆 綠豆（帶皮綠豆）1/4杯、水2杯、砂糖1/2杯、鹽少許

難易度 ★★☆

Tip

煮綠豆時，可使用壓力鍋減少熬煮時間。適合與綠豆搭配的水果有西瓜、草莓、奇異果等。

炎炎夏日裡，有些人雖然想大口吃刨冰，卻無法如願。
為了討厭紅豆的人，我特別選用綠豆，製作出綠豆刨冰。
這可是能吃到綠色豆皮的大人口味刨冰唷。

1 綠豆洗淨放入壓力鍋，加水浸泡10分鐘後煮熟。

2 掀開壓力鍋蓋，加入砂糖和鹽，熬煮至帶有光澤。煮好的蜜綠豆冷藏保存。

3 當季水果和糯米糕切成適當大小。先將碎冰盛盤，再放上蜜綠豆、水果和糯米糕。

I ♥ Sweet

黑醋刨冰

1～2人份〔30分鐘〕

主材料 黑醋1/2杯、水2杯、抹茶冰淇淋1球、蜜紅豆2匙、豆腐凍適量、原味優格2匙

難易度 ★★☆

Tip

夏天也可以利用青梅或覆盆子來製作口味特別的冰塊。豆腐凍的製作方法請參考第232頁。

這是一道能讓人在炎炎夏日裡恢復食慾的健康刨冰。
在夏天的人氣甜點「刨冰」中加入具有殺菌效果的食用醋，
稱得上是一舉兩得的甜點。
夏天的炎熱就讓刨冰和黑醋來解決吧！

1 黑醋和水拌勻，倒入製冰盒中製成冰塊後，放入果汁機中攪碎並盛盤。

2 在黑醋碎冰上放上抹茶冰淇淋、蜜紅豆和豆腐凍。

3 最後淋上原味優格。

糯米糕與南瓜的冰上秀

韓式巴菲聖代

材料

1～2人份〔10分鐘〕

主材料 南瓜1/2顆、糖粉2
匙、糯米糕100公克、抹茶冰
淇淋1/2盒、蜜紅豆（罐頭）
1/4杯、蜜豌豆3匙

難易度 ★★☆

Tip

利用各種年糕製品代替糯米
糕，可讓口味變得更多元。

透明的玻璃杯裡，盛裝著各種味道的各色食材。
然而也許是每種食材的味道過強，混在一起將在嘴裡產生衝突。
於是我利用各種不甜的材料，製作了韓式巴菲聖代。

1 南瓜去皮切片後放入鍋
中，加入能淹過南瓜的水
滾煮至軟。

2 南瓜煮軟後放入果汁機攪
碎，再加入糖粉攪拌至帶
有光澤後，冷藏保存。

3 糯米糕切丁（約1公分大
小）。

4 將南瓜盛盤，再依序放上
抹茶冰淇淋球、糯米糕、
蜜紅豆和蜜豌豆裝飾。

I ♥ Sweet

柚子甜米釀

將發芽的麥子曬乾磨粉製成的麥芽粉，
可再發酵後製成甜米釀。
而甜米釀茶包的問世讓我們
輕鬆就能做出添加柚子風味的甜米釀。

材料

8人份〔30分鐘（發酵時間8小時）〕

主材料 甜米釀包5個（1/2盒）、水1.8公升、白飯2碗（400公克）、柚子醬適量、松子少許

難易度 ★☆☆

Tip

冷飯加入甜米釀粉能製作出如咖啡般的高級飲品，因此剩下過多冷飯時，不如製成甜米釀作為飯後甜點享用。韓國七甲農產所出品的甜米釀粉是在麥芽中加入萃取自甜菊葉瓣的甘旨素所製成的產品，無色素，不含防腐劑。一盒裡有120公克5入與茶包2入。

1 甜米釀包和白飯加水。

2 放進電鍋中發酵8小時。

3 當3～4顆飯粒浮起，便可將甜米釀包撈出。

4 略煮後，依喜好在冷卻的甜米釀中加入柚子醬續煮，完成後放涼。

佛卡夏麵包簡化版

橄欖麵包

材料

5～6人份〔10分鐘〕

主材料 吐司預拌粉（市售）1包、雞蛋1顆、溫水1杯、披薩起司1杯、麵粉少許、橄欖5顆、橄欖油1/4杯、乾燥迷迭香2匙、帕馬森起司粉3匙

難易度 ★★☆

Tip

佛卡夏麵糰的正統作法請參考第259頁。

雖然我喜歡有著橄欖與香草的佛卡夏麵包，
卻總苦惱難道沒有更簡單的製作方法嗎？
最後我終於發現了利用吐司預拌粉的小技巧。
雖然不很正統，但放上大量橄欖，夾入起司後，
滋味很不錯呢。

1
吐司預拌粉和雞蛋、溫水拌勻，搓揉10分鐘後放入40℃的烤箱中發酵30分鐘。將麵糰以50公克分團，揉成圓形後，靜置10分鐘。

2
將麵糰壓扁，分別包入披薩起司後，於室溫下靜置10分鐘。

3
利用擀麵棍將麵糰擀成長扁狀。

4
橄欖切片放在麵糰上，然後將橄欖油均勻塗抹表面，再灑上迷迭香和帕馬森起司粉。以預熱至180℃的烤箱烤10～15分鐘。

I ♥ Sweet

糯米蛋糕

據說這是在美國的韓國留學生所發明的食譜，
因為當地沒有年糕店，但又太過思鄉，
便將糯米粉搓揉成團後放進烤箱裡烤成糯米蛋糕。
既像年糕一樣彈牙，又有著烘烤過後的酥脆感，
叫人忍不住吃了一個又一個。

材料

1～2人份〔40分鐘〕　難易度 ★★☆

主材料　乾糯米粉1杯、香草粉（或香草精）1/4小匙、砂糖1/3杯、鹽1小匙、牛奶2/3杯、雞蛋1顆、融化的奶油2大匙、紅豆沙1/2杯、核桃（已處理過）1/2杯、橄欖油適量

❶ 乾糯米粉、香草粉、砂糖和鹽混合拌勻。

❷ 牛奶和雞蛋攪拌均勻後，倒入糯米粉中。

❸ 接著加入融化的奶油拌勻。

❹ 紅豆沙搓揉成栗子般大小的圓粒，核桃切碎。

❺ 先將小型瑪芬蛋糕模均勻塗抹橄欖油。

❻ 再把紅豆沙和核桃放入蛋糕模中，倒入麵糊，以預熱至170℃的烤箱烤25分鐘。

Tip　乾糯米粉保存簡便，可隨時取用。若以購買自碾米坊的糯米粉來代替乾糯米粉，則必須減少牛奶用量好使麵糊維持適當濃度。

Pong Dang

這是讓人彷彿置身於東京充滿簡潔氛圍的代官山或自由之丘裡的咖啡館。如同招牌上所寫的巧克力咖啡館一樣，這裡能品嘗到各式風味的巧克力飲品與甜點。熱愛巧克力的店主姊妹花準備了十多種巧克力飲品，還有美味的巧克力鍋和巧克力餅乾等。店裡最受歡迎的餐點是濃郁卻不甜膩的Pong Dang熱巧克力，全年365天都品嘗得到。而我最想推薦的是葡萄柚白巧克力，在白巧克力中加了清爽又帶點鹹味的葡萄柚。一般店家不可能使用的高級材料，店主姊妹卻在餐點中大量添加也不覺得可惜。

店家資訊　**Pong Dang** / 퐁당

● Concept　巧克力飲品專門咖啡館
● Where　京畿道安養坪村
● Open　12：30～23：30

安徒生Andersan

東京的潮流發源地、散布人氣餐廳的青山，以及連續蟬聯
日本人最想居住地區排行榜冠軍的吉祥寺，都有總是擠滿
人潮的知名麵包店「安徒生」，經常有長長隊伍等待麵包
新鮮出爐。在東京占有一席之地的安徒生來自廣島，就像
丹麥童話作家安徒生帶給人們夢想與希望，老闆希望能透
過麵包傳遞幸福，而將店名取為「安徒生」，於1967年正
式在廣島開業。在廣島本店那文藝復興風格的建築物裡，
分為麵包店、咖啡館、紅酒坊與外帶部。寬敞的賣場幾乎
每小時都有新鮮麵包出爐，讓人得花上好多精力才能決
定到底該買哪個。最受歡迎的要數窯烤吐司、廣島logo麵
包，以及丹麥蛋糕，總是一出爐就被搶購一空，因此必須
眼明手快才能成功買到。安徒生已在日本各地開設分店，
若問顧客為什麼它能在東京獲得如此好評，大家的反應都
是：「因為麵包很好吃啊。」

店家資訊 安徒生 Andersan
- ●Concept 麵包店兼食品超市　●Where 日本廣島
- ●Open 07:30～20:00

◉ 佛卡夏麵包的正統製作方法

首先在高筋麵粉300公克中加入酵母5公克、砂糖
15公克和鹽1公克後攪拌均勻。雞蛋1顆、溫水100
毫升和牛奶80～100毫升攪拌後，倒入高筋麵粉
中。攪拌均勻成團後，加入奶油20公克，像洗衣
服般由下往上搓揉，或以麵糰用力摃打工作檯的
方式搓揉至麵糰產生麩質。當表面變得柔滑、有
彈性後，進行第一次發酵。

▶♥Sweet

第4章

Special Recipe

國外有餐廳全年推出的餐點不過就是12種本月主廚特餐，

然而卻擁有無法比擬的超人氣，預約就像尋找初戀對象般困難。

得去12次才能真正品嘗完該餐廳的美味料理。

若常前往的咖啡館也能仿效如此，

讓人能在菜單中感覺到季節更迭該有多好。

啊，真想每個月裡都吃到不同的季節飲食。

焗烤年糕

韓國人新年時總會吃上一碗年糕湯，
利用剩下的年糕片或彈牙的年糕條，製成加了白醬的焗烤料理。
而用年糕來代替麵糰所製成的年糕披薩，更是迎接新年的特色料理。
就讓我們用焗烤年糕來舉辦一場歡欣熱鬧的新年派對吧。

4人份〔30分鐘〕 難易度 ★★☆

主材料 條狀年糕2條、蘑菇3朵、花椰菜1/6顆、火腿（罐頭）1/6罐、披薩起司絲1/3杯、帕馬森起司粉1匙、鹽‧胡椒粉‧巴西利末少許

白醬 奶油1匙、麵粉1.5匙、牛奶1＋1/2杯、鹽‧胡椒粉少許

材料

① 年糕切片（約1公分寬）。

② 蘑菇切塊（與年糕同大小），花椰菜汆燙後瀝乾。

③ 火腿也切成與年糕同大小。

④ 將年糕、蘑菇、花椰菜和火腿混合攪拌，灑上鹽和胡椒粉。

⑤ 製作白醬。在鍋中融化奶油後，加入麵粉炒成白色泥狀，接著加入牛奶至濃稠，再以鹽‧胡椒粉調味。

⑥ 將步驟**④**的餡料和白醬裝入焗烤容器中，灑上起司絲，以預熱至220℃的烤箱烤10分鐘。烤好後，灑上帕馬森起司粉和巴西利末即可。

Tip

過硬的年糕可先用滾水燙軟，瀝乾水分後使用。放入白醬中的麵粉，可用餐匙來計量。

福糰

韓國在元宵節會吃五穀飯祈願健康無恙、事有所成；
夏天則有為了避免中暑，將乾蕨菜水煮來吃的風俗。
將去年所製作的醃漬蕨菜加入糯米飯中，
再用海苔或乾蕨菜包起來吃就成了祈求福氣的的福糰。
不妨將福糰與大家分享，一同祈禱新的一年能順利平安吧。

材料

2～4人份〔40分鐘〕　難易度 ★☆☆

主材料　糯米1杯、水1杯、豌豆1/4杯、蕨菜50公克、南瓜乾50公克、海苔2片
調味料　香油2匙、芝麻鹽0.5匙、鹽少許

1 糯米洗淨，浸泡30分鐘後，加水煮熟。

2 在糯米飯快煮熟之前，加入豌豆燜煮。

3 蕨菜和南瓜乾切碎。

4 糯米飯煮好後，加入蕨菜和南瓜乾拌勻，再以香油、芝麻鹽和鹽調味。

5 將糯米飯捏成大小適中的三角形後，以海苔包起即可。

Tip　加入糯米飯中的蔬菜，可依喜好選用地瓜莖或芋頭莖等來代替。

花煎餅

3月3日三巳日就是告訴大家春天來了的日子。
光想到要用盛開的春花來製作花煎餅享用，就叫人坐不住啊。
除了春花之外，還有許多可食用的花卉，
因此不妨把花煎餅當作是三月的限定餐點吧。

材料

2～4人份〔30分鐘〕　難易度 ★☆☆

主材料　糯米粉2杯、鹽少許、熱水（或糖漿）2～3匙、紅豆沙1/2杯、油適量、食用花1把、砂糖少許

❶ 糯米粉和鹽混合，倒入熱水攪拌成麵糰。

❷ 將麵糰分塊，搓揉成直徑4公分的圓餅。

❸ 熱油鍋，放入麵糰，在煎烤的過程中不斷壓扁麵糰，煎至兩面呈金黃色。

❹ 將紅豆沙分塊放在麵糰上，再將麵糰對折成半月狀。

❺ 在盤中灑上砂糖，放上煎餅，以食用花裝飾後再灑上砂糖即可。

炒豆子 & 蓮藕片

4月8日在佛祖誕生的日子，有什麼應景的料理嗎？
當然有，利用象徵佛教的蓮，製作蓮藕料理；
吃豆結緣，再炒豆子分食的話，便能締結美好緣分。

材料

4人份〔40分鐘〕　難易度 ★☆☆

炒豆子　黑豆1杯
蓮藕片　蓮藕1根、炸油適量、竹鹽少許

1 製作炒豆子。黑豆洗淨瀝乾。

2 熱鍋不加油，將黑豆倒入鍋中，
以小火炒至散發豆香、豆子裂開
為止。

3 蓮藕去皮切片，稍微浸泡冷水後
瀝乾。

4 將蓮藕片放入180℃的炸油中炸
至金黃色。

5 最後均勻灑上竹鹽即可。

Tip　蓮藕必須盡可能切成薄片，才能使油炸後的口感酥脆。

櫻桃凍

在人人都知道要用菖蒲水洗頭的端午裡，
還要進補營養食品，才能戰勝即將到來的夏季炎熱。
此時正值櫻桃產季，可以用櫻桃製作甜茶，
也能像果凍一樣，製成櫻桃凍哦。

材料

8人份〔1小時〕　難易度 ★★☆

主材料　櫻桃濃縮液1/2杯、水3杯、綠豆粉（或綠豆涼粉預拌粉）1/2杯、鹽 0.3匙、砂糖1/2杯、蜂蜜1/4杯

❶ 櫻桃濃縮液和水攪拌均勻。

❷ 加入綠豆粉和鹽拌勻後，倒入鍋中煮滾。

❸ 當綠豆粉滾煮至濃稠，加入砂糖和蜂蜜攪拌均勻。

❹ 容器以水浸濕後，將綠豆粉倒入並鋪平，放涼後再冷藏。

❺ 待完全凝固後，切成適當大小。

Tip　將櫻桃洗淨後，與砂糖以1：1的比例交錯層層放入用熱水消毒過的玻璃瓶中，密封放置100天即成櫻桃濃縮液。利用濾網將櫻桃壓碎，濾出果肉並去籽。濾出的濃縮液可用來泡茶或製作料理。

3色丸子甜茶

到了6月15日流頭節這天，
韓國人會到清澈溪谷裡沐浴、洗頭，
藉以驅趕不祥之物，也能避免中暑。
並且製作湯麵、年糕，與西瓜、香瓜一同祭祀祖先。
此外，更有用糯米粉製成丸子，染上各種色彩後，
以彩線串起三顆掛在大門前驅煞的風俗。
西瓜在這個時節更顯甜美，加上3色丸子，
便能製作出涼爽的甜茶。

材料

4人份〔40分鐘〕 難易度 ★☆☆

主材料 西瓜1/8顆、奇異果1顆、檸檬皮少許、蘇打水1杯、糖漿（砂糖：水＝1：1）適量
3色丸子 糯米粉1+1/2杯、蒸熟的南瓜0.5匙、抹茶粉0.5匙、熱水2匙、鹽適量

❶ 糯米粉1/2杯和鹽、熱水1杯拌成麵糰後，分成小塊並搓成球狀。

❷ 糯米粉1/2杯加入蒸熟的南瓜和鹽拌成麵糰後，分成小塊並搓成球狀。

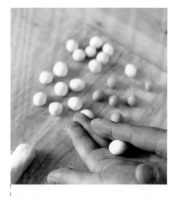

❸ 糯米粉1/2杯加入抹茶粉、鹽、熱水1杯拌成麵糰後，分成小塊並搓成球狀。

❹ 將所有糯米丸煮熟後放涼。

❺ 西瓜、奇異果、檸檬皮利用造型模具壓出形狀或切成適當大小。

❻ 在蘇打水1杯中加入糖漿調整甜味。將3色丸子放入碗中，放上西瓜、奇異果、檸檬皮後倒入甜蘇打水即可。

Tip 也可以用杏桃、水蜜桃、哈密瓜等來代替西瓜和奇異果。

愛的白雪糕

七夕是織女牛郎相會、傾訴思念的悲戀日子。
已經習慣過西洋情人節或白色情人節的我們，
到了這一天，不妨用年糕代替巧克力來傳達愛意吧。

材料

4人份〔40分鐘〕

主材料 梗米粉6杯、仙人
掌粉1匙、草莓粉1匙、牛奶
40～50毫升、砂糖3匙

裝飾材料 薄荷少許

覆盆子醬 覆盆子酒1/2杯、
冷凍覆盆子1/4杯、糖粉2匙

難易度 ★★★

Tip
‑ ‑ ‑ ‑

梗米粉拌入天然色素時，以
手捏緊粉末，打開後不會馬
上碎裂的程度最為恰當。梗
米粉必須先過篩再加入砂
糖，若事先加入砂糖，砂糖
會吸收水分，使得梗米粉結
塊而不蓬鬆。

❶ 梗米粉分成3份，分別加入仙人
掌粉、草莓粉，最後1份不加任
何顏色，直接使用。將牛奶也分
成3份分別加入3色梗米粉中，以
手拌勻。

❷ 3色粉分別過篩，砂糖也分成3份
後分別加入拌勻。

❸ 以仙人掌梗米粉、草莓梗米粉、
白色梗米粉的順序，放入容器。

❹ 然後蒸20分鐘後，關火燜5分
鐘。覆盆子酒加入冷凍覆盆子和
糖粉熬煮至濃稠。盛盤時以覆盆
子醬和薄荷裝飾。

西瓜刨冰

自古夏季中最熱的時期便稱為「伏」。
從正式進入夏季的那天起算,每10日為1伏,分為初伏、中伏、末伏。
韓國人為了要保持健康的身心度過夏天,會在正值炎熱的伏日進補。
若不喜歡進補怎麼辦呢?
那就用隨處可見的西瓜來冷卻炙熱暑氣,同時維護健康吧。

2～3人份〔20分鐘〕

主材料　西瓜1/6顆、裝飾用
西瓜1塊、薄荷少許、煉乳1
匙

難易度　★☆☆

Tip

西瓜的果肉柔軟多汁，不需
另外加水也能充分攪碎。

❶ 西瓜大略去籽後切塊，以食物調
理攪拌棒攪碎。

❷ 接著過濾僅取西瓜汁。

❸ 將西瓜汁倒入製冰盒，冷凍製成
冰塊。

❹ 西瓜汁冰塊以果汁機攪碎後盛
盤，放上西瓜和薄荷，再淋上煉
乳即可。

菊花奶凍

重陽節這天，燕子南飛，
韓國人則有吟詩作畫、做菊花煎餅的風俗。
若無法隨著燕子南移，又無法出外踏青，
那麼就到常去的咖啡館，點一份用菊花做的甜點，
體驗重陽節吧。

材料

4人份〔30分鐘〕 難易度 ★☆☆

主材料 鮮奶油1杯、菊花5～6朵、吉利丁1片、檸檬汁2匙、砂糖3匙、奶油起司50公克、裝飾用菊花1～2朵

❶ 將一半的鮮奶油加熱。菊花摘下花瓣加入鮮奶油中，以食物調理攪拌棒攪碎，製成菊花奶油。

❷ 吉利丁以溫水泡開後，利用微波爐加熱溶解。

❸ 在菊花奶油中加入吉利丁、檸檬汁和砂糖拌勻。

❹ 奶油起司置於室溫下變軟後，加入菊花奶油裡攪拌均勻。

❺ 剩下的另一半鮮奶油用打蛋器打發後，加入菊花奶油中拌勻。

❻ 裝入容器裡，冷藏至變硬，最後再以菊花做裝飾即可。

Tip 菊花請使用小菊花或泡茶用的乾菊花。

芋頭柿乾沙拉

韓國人過中秋節習慣喝芋頭湯、吃松餅。
利用秋天盛產的芋頭來製作特別餐點，
更能顯示出中秋的悠閒。

材料

2人份〔30分鐘〕　難易度 ★☆☆

主材料　芋頭5顆、南瓜1/8顆、柿乾1個、紅棗2顆、杏仁片2匙、原味優格2匙、美乃滋1匙、砂糖1匙、鹽少許

❶ 芋頭洗淨汆燙後去皮。

❷ 南瓜洗淨去皮切塊以蒸籠蒸熟。

❸ 將芋頭和南瓜壓碎。

❹ 柿乾切碎，紅棗去籽將切絲。

❺ 芋頭、南瓜、柿乾、紅棗和杏仁片混合拌勻，接著加入原味優格、美乃滋、砂糖和鹽拌勻。

❻ 利用2支湯匙將完成後的沙拉製成球狀盛盤。

Tip

芋頭會引起手癢，必須帶著手套處理，或直接使用已去皮的芋頭。在壓碎芋頭時，可將芋頭裝入塑膠袋中，再以棒狀物敲碎。

烤年糕條

11月11日是韓國人互贈巧克力棒表達情意的日子。
讓我們來改變一下，分送長長的年糕條給周遭親朋好友，一同分享友情與愛情吧。
為了增加3色年糕條的美味，還特別派出祕密武器豆粉與水蔘麥芽沾醬。

材料

4人份〔30分鐘〕 難易度 ★☆☆

主材料 3色年糕各1條、烤過的杏仁少許
豆粉沾料 炒過的豆粉2匙、黃糖1匙
水蔘沾醬 水蔘1/2根、麥芽糖1/2杯

❶ 3色年糕切片（約1公分寬）。

❷ 水蔘切碎。

❸ 將切碎的水蔘混入麥芽糖中，製成水蔘沾醬。

❹ 炒過的豆粉和黃糖拌勻後，製成豆粉沾料。

❺ 年糕以竹籤串起，利用鐵網或平底鍋烤至金黃色後盛盤，灑上杏仁。食用時佐以2種沾料。

Tip

上桌時，若能附上小火爐，便能現烤現吃，有趣又美味。

12月 December・冬至

紅豆糕

黑夜最長的冬至也被稱為小雪，更象徵著新的開始。
提到冬至，韓國人最先想起的就是紅豆粥，
若冬至落在上旬，則稱為小冬至，以紅豆糕來代替紅豆粥食用。
現點現做，適合1～2人享用的迷你紅豆糕，可算是一種慢食餐點。

材料

4人份〔1小時〕　難易度 ★★★

主材料　梗米粉2杯、糯米粉1/2杯、水3匙、砂糖3匙

紅豆沙　紅豆1/2杯、砂糖1匙、鹽少許

❶ 梗米粉和糯米粉混合拌勻後，加入水以手拌勻後過篩。

❷ 過篩後的米粉中加入砂糖拌勻。

❸ 紅豆洗淨，加入充分的水量煮滾，煮滾後把水倒掉。再次加入紅豆量3倍的水熬煮。

❹ 將煮紅豆的水再次倒掉，轉成小火燜煮。煮好後用研磨棒將紅豆大致磨碎，再加入砂糖和鹽，製成帶粒的紅豆泥。

❺ 先將一半的紅豆泥倒入容器中，接著依米粉、紅豆泥的順序層層裝入。

❻ 然後蒸25分鐘，接著關火燜5分鐘即可。

Tip　完成後，可用竹籤戳戳看，若未沾附米粉即可。

St. Valentine's Day · 情人節

生巧克力

在告白愛意的日子，不可或缺的就是甜美的巧克力。
這一天就用甜蜜柔軟的生巧克力一起度過吧。

材料

1盒份〔40分鐘〕

主材料 鮮奶油125公克、
黑巧克力250公克、奶油25
公克、可可粉30公克、蘭姆
酒1匙

難易度 ★☆☆

Tip

若想製成各種味道，除了可
可粉之外，也可以使用抹茶
粉或草莓粉等。

❶ 鮮奶油加熱後，加入切碎的黑巧
克力，以隔水加熱的方式融化。

❷ 奶油置於室溫下變軟後，加入蘭
姆酒攪拌均勻。

❸ 將步驟❶跟❷的材料拌勻。

❹ 然後倒入容器中，冷藏至凝固成
適當硬度後，切成適當大小並均
勻裹上可可粉。

造型蛋糕

這是為了孩子們所製作的蛋糕。
若能激發孩子的想像力，就更能彰顯這蛋糕的價值非凡。
少一點甜膩，再插上孩子們喜歡的文字或名字，
相信一定能讓他們開心得蹦蹦跳跳。

材料

4人份〔25分鐘〕　難易度 ★★☆

主材料　海綿蛋糕（直徑18公分）1塊、鮮奶油1杯、砂糖3匙
糖漿　砂糖1/4杯、水1/2杯、蘭姆酒少許
裝飾材料　造型餅乾、造型棉花糖少許

❶ 海綿蛋糕橫切剖半。

❷ 將砂糖、水、蘭姆酒一同煮至砂糖溶解，製成糖漿後，均勻抹在對切的海綿蛋糕上。

❸ 在鮮奶油加入砂糖打發。

❹ 在海綿蛋糕上均勻塗抹厚厚一層鮮奶油。

❺ 最後用造型餅乾和棉花糖裝飾。

Tip

棉花糖100公克加入水1匙，放入微波爐中加熱30秒融化。再加入糖粉200公克拌勻後，擀平約0.1～0.2公分厚度，再以造型模具壓製即成造型棉花糖。

★造型餅乾製作方法請參考208頁。

南瓜米蛋糕

我想愛情應該是向下付出的吧。
看到精采事物、吃到美味飲食，
比起父母，第一個想起的總是孩子或先生。
為了洗刷不孝女的惡名，
因此特別為父母設計健康與美味兼顧的南瓜米蛋糕。

材料

4人份〔55分鐘〕 難易度 ★★☆

主材料 梗米粉2+1/2杯、糯米粉1/2杯、蒸熟的南瓜100公克、砂糖3匙、綠豆泥1杯

裝飾材料 南瓜1/6顆、砂糖1/2杯、水1杯、糖粉少許

❶ 梗米粉和糯米粉混合拌勻後,加入蒸熟的南瓜拌勻並過篩。

❷ 過篩後的米粉中加入砂糖拌勻。

❸ 在蛋糕模中鋪上綠豆泥後倒入米粉,再依綠豆泥、米粉的順序層層裝入。

❹ 然後放入蒸籠中蒸25分鐘,接著關火燜5分鐘。

❺ 裝飾用的南瓜連皮切塊。裝飾材料中的砂糖和水煮滾,接著加入南瓜煮熟後撈出。在蒸熟的米蛋糕上以南瓜裝飾,接著灑上糖粉即可。

Tip

裝飾用的南瓜連皮切塊。裝飾材料中的砂糖和水煮滾,接著加入南瓜煮熟後撈出。在蒸熟的米蛋糕上以南瓜裝飾,接著灑上糖粉即可。

聖誕米蛋糕

我們是從什麼時候開始習慣吃聖誕蛋糕的呢？
西式蛋糕固然好吃，但何不利用年糕
來做一個美味的聖誕蛋糕呢？

材料

4人份〔45分鐘〕

主材料 梗米粉6杯、紅酒3匙、葡萄醬50公克、水2匙、砂糖6匙

醬料 水1/2杯、寒天7公克、藍莓粉1匙、砂糖20公克、太白粉1匙、水飴2匙

難易度 ★★☆

Tip

寒天冷卻後會迅速凝固，因此在裝飾蛋糕時，必須趁完全冷卻前趕快淋上；若已經凝固，可加熱後再使用。

❶ 梗米粉4杯、紅酒和葡萄醬以手拌勻後過篩。

❷ 剩下的梗米粉加入水2匙，以手拌勻後過篩。砂糖6匙分次加入拌勻。將❶和❷過篩的米粉分別裝入蛋糕模中，接著蒸20分鐘，然後關火燜5分鐘。

❸ 製作醬料。水放入寒天融化後，加入藍莓粉、砂糖、太白粉和水飴拌勻。

❹ 將醬料淋在蛋糕上，讓其自然流下即可。

吃飯的咖啡館

隱藏在弘大附近的住宅區裡，沒有招牌，只有幾張桌子與小小廚房的咖啡館。這間人稱散發著「海鷗食堂」或「深夜食堂」氣氛的咖啡館，就叫做「吃飯的咖啡館」。總是夢想著要擁有一間能吃碗熱騰騰的飯、輕鬆喝杯茶的溫馨咖啡館的我，終於成為咖啡館主人了。由主人自行擬定餐點內容的「今天的飯」為整份的套餐；「今天的三明治」同樣也是每週變更內容。這是1週提供4種、1年共有24種不同料理的吃飯的咖啡館。

出版了本書、開設料理教室後，在偶然的機會下我成為咖啡館主人，看來只要擁有夢想，總有一天會實現。完成夢想之後，接下來便是精選優良食材，使用農夫自豪掛上自己名字所栽培的珍貴蔬菜或水果來製作餐點，希望顧客吃過我們的餐點後，也能購買這些優良食材，在家料理美味佳餚。因此我每天都一邊期待著「今天不曉得又會有哪些客人因為吃到的餐點而感到幸福？」，一邊在咖啡館的小廚房裡忙碌地準備著。

店家資訊 吃飯的咖啡館 / 밥먹는카페
- Concept 比起茶飲或咖啡，更用心準備套餐料理的咖啡館
- Where 首爾倉前洞（弘益大學附近）
- Open 09:00～21:00　● Close 週一、週日

眾多上班族的夢想，
成為咖啡館主人

相信你一定有過成為咖啡館主人的夢想。
雖然從未正式學習過製作料理，
但為了那間總有一天會開幕、屬於自己的咖啡館，
現在就一步一步地慢慢準備吧。

咖啡館餐點學校
Cafe Food School

- **Concept**　專為懷抱夢想成為「未來咖啡館主人」的人、希望在「我家咖啡館」中
  享用各種咖啡館餐點的人所舉辦的實作與簡單料理教室

- **Schedule**　每週三下午7～9點（每週1次，共8次）

- **Curriculum**　視季節選定當月餐點

  1. **咖啡館套餐**　能作為咖啡館的主餐與佐餐等各種料理
  2. **擺盤教學**　依不同餐點與餐具能活用於咖啡館的擺盤技巧
  3. **三明治與沙拉**　廣受好評的各種三明治與沙拉
  4. **套餐菜單設計＆擺盤**　結合單點的佐餐料理與飲料等的套餐菜單設計與擺
     盤技巧
  5. **午餐盒套餐設計**　設計各種主題午餐盒與各種容器的活用方法
  6. **韓式甜點**　活用韓國飲食的各種甜點與擺盤技巧
  7. **特別日子的甜點與飲料**　聖誕蛋糕、兒童節造型蛋糕等節慶餐點設計與典
     故分享
  8. **甜點與飲料**　製作方法簡單的甜點與飲料

- **Where**　料理教室Naturellement／首爾麻浦區倉前洞6-29, 102號
- **Open**　11：30～10：00
- **Web**　http://blog.naver.com/poutian

●國家圖書館出版品預行編目資料

在家做 首爾風人氣咖啡館美食225道 / 李美敬作. -- 初
版. -- 臺北市：三采文化，2012.07
　　面；　公分. --（三采生活休閒叢書）
ISBN 978-986-229-710-0(平裝)

1.食譜

427.1　　　　　　　　　　　　101009134

suncolor
三采文化集團

好日好食 01

在家做
首爾風人氣咖啡館美食225道

原作者	李美敬
譯者	徐月珠
主編	黃迺淳
執行編輯	高繼吟
美術編輯	曾雅綾
封面設計	陳碧雲

發行人	張輝明
總編輯	曾雅青
發行所	三采文化出版事業有限公司
地址	台北市內湖區瑞光路513巷33號8樓
傳訊	TEL：8797-1234　FAX：8797-1688
網址	www.suncolor.com.tw
郵政劃撥	帳號：14319060
	戶名：三采文化出版事業有限公司
本版發行	2012年7月20日
定價	NT$360

카페 푸드 스쿨 Café Food School
Copyright © 2010 by 이미경 Mi kyoung Lee 李美敬
All rights reserved.
Complex Chinese copyright © 2012 by SUN COLOR CULTURE PUBLISHING CO., LTD.
Complex Chinese language edition arranged with TERRA Publishing Group
 through Eric Yang Agency Inc.